새집목수 이대우의
새집 만들기

"나의 보물, 외손주 산과 바다에게"

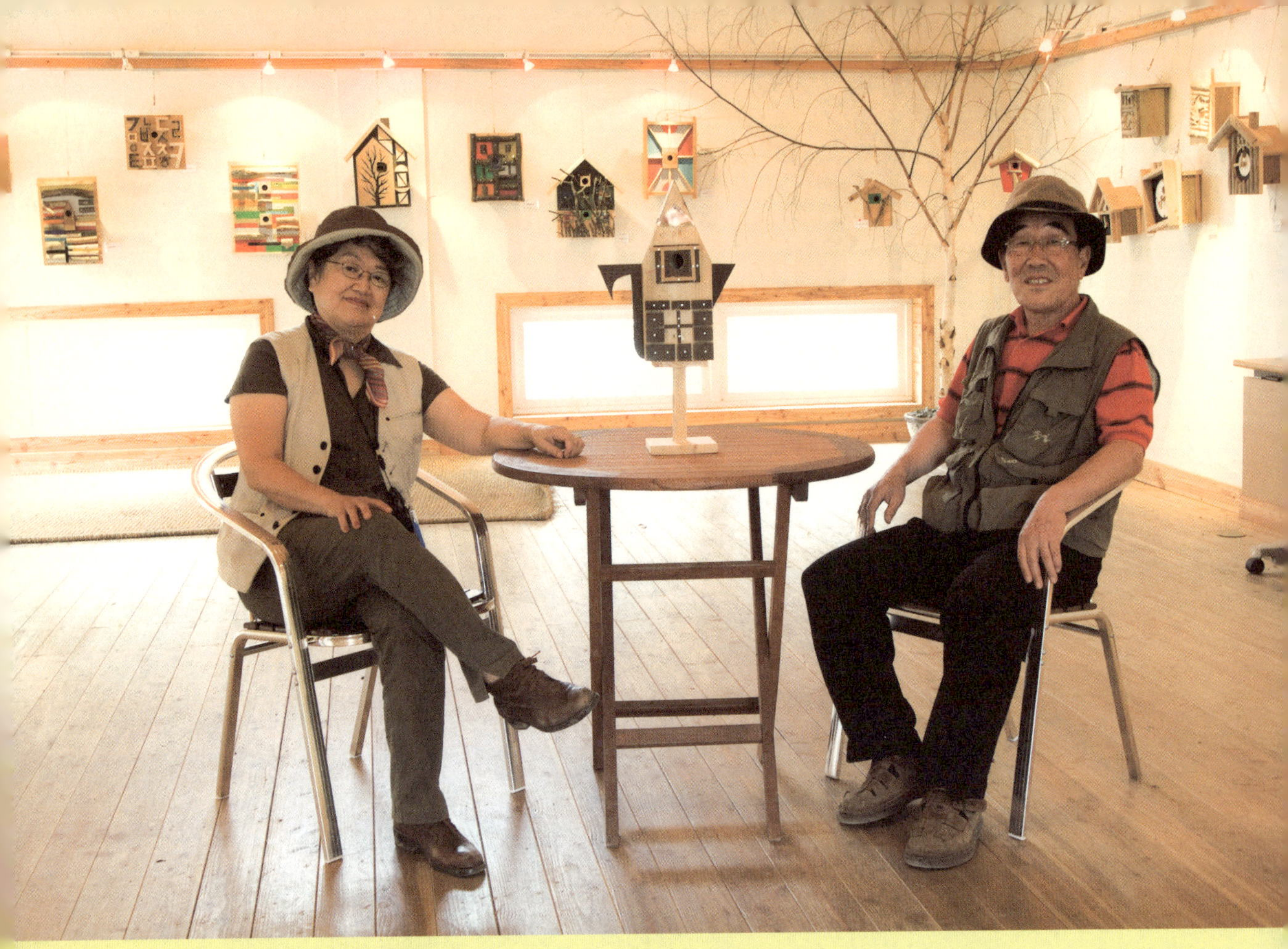

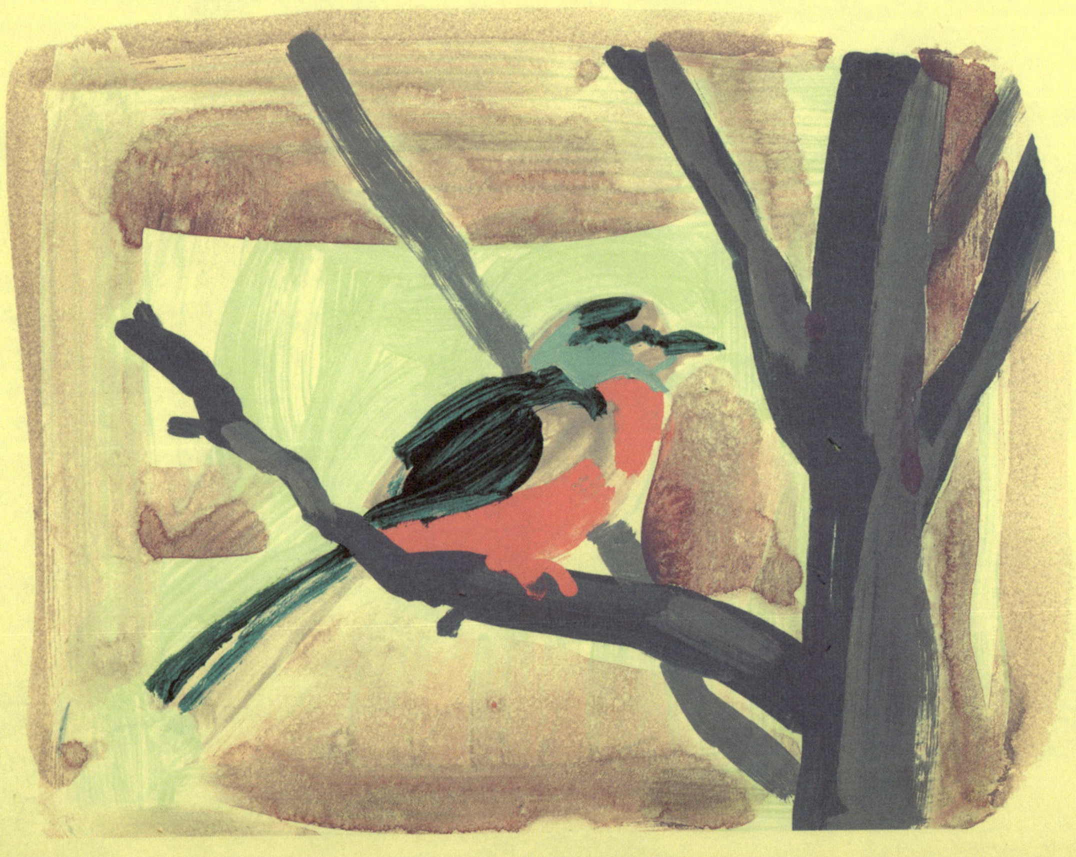

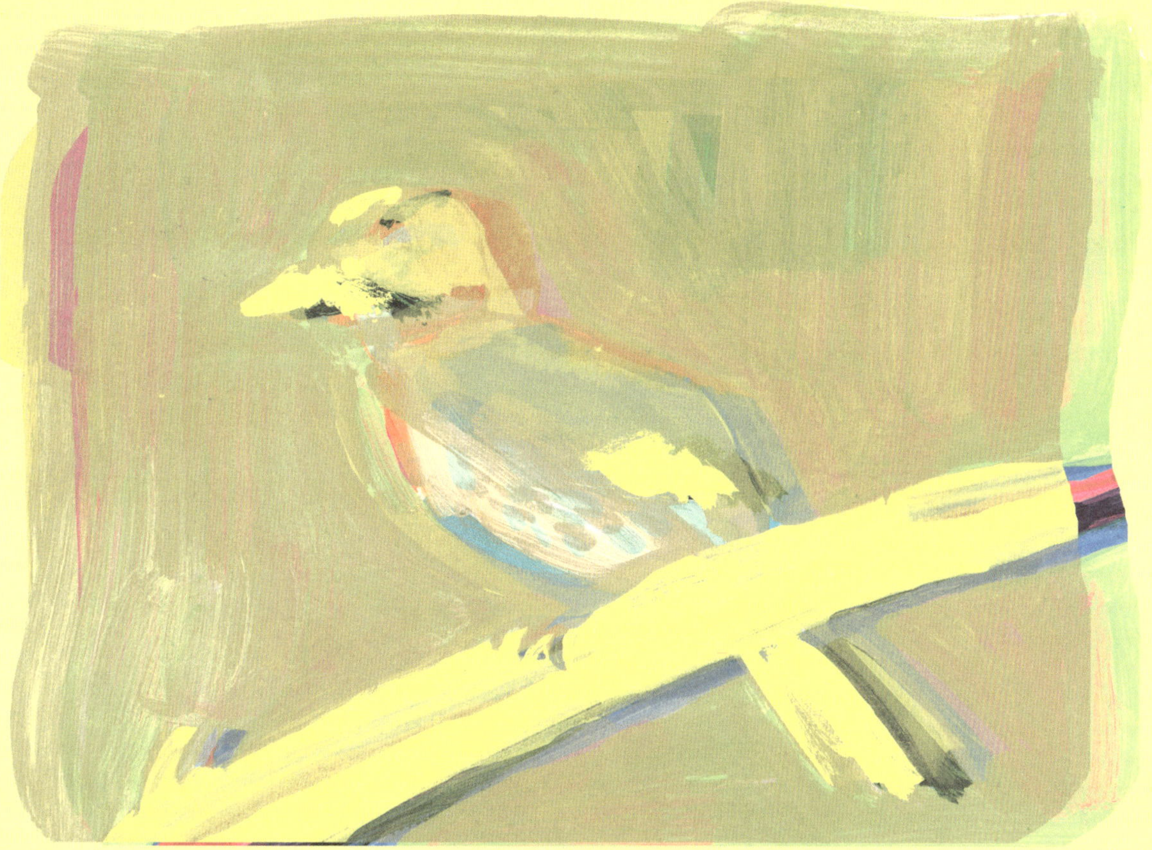

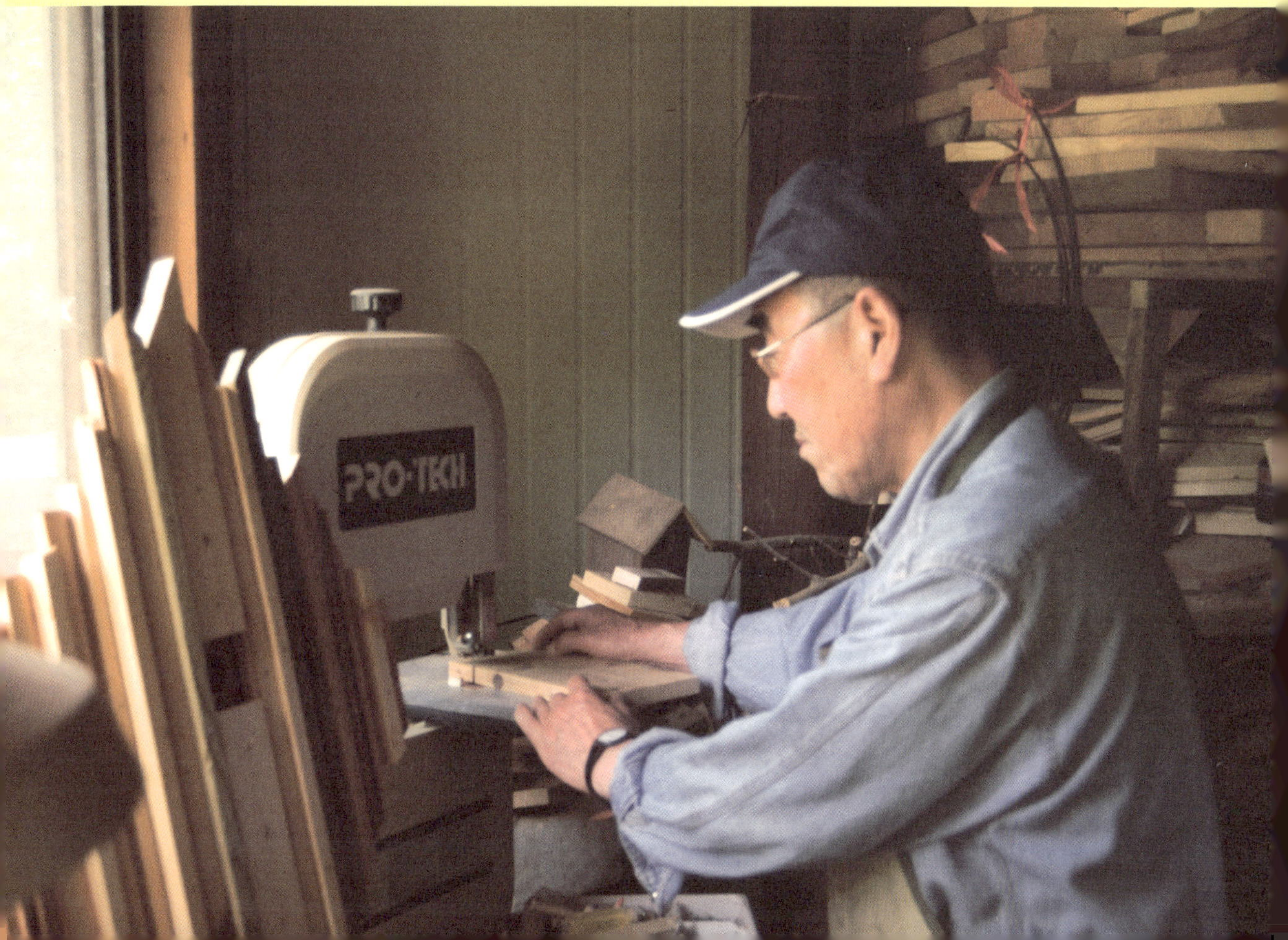
PRO-TECH

새 나무판재에 보다는 햇볕에 바래고 눈비 맞으며 시간을
견디어 낸 헌판재로 만든 새길은 골동품처럼 은은한
세월의 느낌을 전해 준다.

새집목수 이대우의
새집 만들기

글·그림 | 이대우

출판감독 | 나무선
편집팀장 | 고유진
마케팅 | 양승우, 최희은
디자인 | 맑은기획

초판 1쇄 찍음 | 2011년 8월 20일
초판 1쇄 펴냄 | 2011년 9월 1일

임프린트 | 시골생활   펴낸곳 | 도서출판 도솔   펴낸이 | 최정환
주소 | 121-841 서울시 마포구 서교동 460-8
전화 | 02-335-5755   팩스 | 02-335-6069
홈페이지 | www.sigollife.com   E-mail | sigolbooks@naver.com
등록번호 | 제1-867호   등록일자 | 1989년 1월 17일

저작권자 ⓒ 이대우, 2011
ISBN 978-89-7220-735-1   13630

※ 이 책의 전부 또는 일부를 재사용하려면 사전에 저작권자와 시골생활의 서면동의를 받아야 합니다.
※ 책값은 뒤표지에 있습니다.

새집목수 이대우의

새집 만들기

글·그림 이대우

야생과 인간을 이어주는 나무판재 일곱 조각의 미학

시골
생활

차례

프롤로그
목공작업실 단상   28
목수의 꿈 _아내 서경옥   31

PART 1
새집에 미친 바보

새집에 미친 바보   38
어떤 새들이 찾아올까?   40
나무판재 여섯 일곱 조각의 미학   46
꼬리에 꼬리를 무는 새집 짓기   49
새집 예술가   51
내가 꿈꾸는 새들의 세상   53
새들이 있는 겨울 풍경   56
   – 아내 서경옥, 《엄마의 공책》 중에서

PART 2
새집의 기본

새집의 크기   62
새집의 지붕   65
새집 출입구의 크기   68
새집 조립 전 반드시 해야 할 것   70
못 혹은 나사못 박기   71
겨울철 먹이 주기와
  새먹이집에 먹이꽂이 달아주기   72
헌 판재, 나뭇가지와 같은 모양내기 재료들   76
새집 달기   78

PART 3
새집 만들기에 필요한 것들

서툰 목수가 연장 탓한다	82
새집의 주자재는 나무판재다	83
새집에 필요한 도구	85
새집에 필요한 기계	86
그 밖의 것들	89

PART 4
새집 만들기

01 기본형 새살림집

기본형 새살림집	93
A자형 새살림집	94
박스형 새살림집	97
지붕기울기가 30°인 새살림집	99

02 기본형 새먹이집

기본형 새먹이집	103
횃대가 있는 새먹이집	106
박스형 새먹이집	109

03 새살림집 응용하기

앞·뒷면 경사가 있는 새살림집	113
지붕이 경사진 박스형 새살림집	116
테라스가 있는 새살림집	119
2층 새살림집	122
2층 박스형 새살림집	125
대형 앞면이 있는 새살림집	128
앞면이 넓은 박스형 새살림집	132
1층에 놀이터가 있는 2층 새살림집	135
뒷면이 긴 박스형 새살림집	139
2층 새살림집	142

04 새먹이집 응용하기

뒷면이 긴 새먹이집	147
허리가 가는 새먹이집	150
지붕과 바닥이 똑같이 생긴 새먹이집	153
꽃무늬모양 옆면 새먹이집	156
물결모양 옆면 새먹이집	159
벽걸이형 새먹이집	163
딱따구리를 위한 새먹이집	166
간이 새먹이집	169

05 새집 모양내기

새집 칠 재료와 칠하기	171
새집 치장하기 1	174
새집 치장하기 2	176
새집 치장하기 3	178

부록
이대우가 만든 새집

첫 번째 전시회 (2004.7.)	184
두 번째 전시회 (2006.7.)	196
세 번째 전시회 (2009.7.)	207
새집시계 전시회 (2008.7.)	221

이 책을 읽기 전에

이 책은 총 4부와 부록인 새집전시회 사진 도판으로 구성되어 있다.
- 이 책의 전반부인 1부는 새집과 새에 관한 에세이로 짜여 있고 2부인 새집의 기본에는 새집과 새집 짓기에 관해 미리 꼭 알아 두어야 하는 사항들을 자세히 설명했다. 새집의 크기부터 새 먹이, 출입구 만들기, 설치 장소와 방법에 이르기까지 새집 짓기에 꼭 필요한 것이 들어 있어 이 부분을 자세히 읽으면 모든 궁금증이 풀린다. 정독이 꼭 필요하다.
- 이 책의 후반부인 3부와 4부는 새집 만들기를 설명한다. 작업과정을 단계별로 그림을 그리고, 꼭 필요한 치수를 cm로 표시했다. 특히 4부 새집 만들기 중 기본형 새살림집 짓기는 새집 짓기의 시작이자 끝이라고 할 만큼 아주 중요하다. 이 기본형 새살림집을 능숙하게 만든다면 이 책에 소개된 나머지 새집 전부를 쉽게 만들 수 있다.
- 본격적으로 새집을 만들기 전에, 골판지나 MDF(두께 1~3mm)로 스카치테이프와 접착제를 이용해서 기본형 새살림집을 만들어 보면 새집 짓기를 쉽게 이해할 수 있다.
- 책 마지막에는 세 번의 새집 작품전시회 사진 도판이 실려 있다. 또한 새집을 만들며 틈틈이 작업한 새집을 주제로 한 나무시계 전시회의 작품도 사진 도판으로 올렸다.
- 강원도 평창군 진부에 있는 한국자생식물원(Tel. 033-332-7069) 내에 새집 200여 점을 전시한 "이대우가 만든 새집" 상설 전시관이 있다. 그 옆 솔밭 광장 한 곳에는 "새들의 합창"이란 주제로 40여 점의 새집 작품이 집단적으로 설치되어 있다.

프롤로그

목공작업실 단상

여기는 나의 목공작업실. 어느 날, 나는 작업실에서 새집 짓기를 시작하고 있다.

작업대 바로 앞에는 창이 있어 봄에는 돋아나는 새싹을, 여름에는 짙푸른 녹음을, 가을에는 단풍 든 나뭇잎을, 한겨울에는 소복이 쌓이는 하얀 눈을 바라볼 수 있다. 4부합판 두 장을 겹쳐서 만든 작업대는 폭 60cm에 길이 160cm로, 왼쪽에는 전동톱(마이터 소), 오른쪽에는 줄톱(밴드 소)이 놓여 있다. 그 가운데 길이 70cm도 못 되는 좁은 공간이 내가 무언가를 마음껏 만드는 장소이다.

작업실이 왜 이렇게 좁으냐고 사람들이 물어볼 때마다 무척 곤혹스럽다. 아내와 내가 시골에 자그마한 집을 짓고 살기로 했을 때 미래에 대한 확실하고 구체적인 계획이 서 있었던 것은 아니었다. 도시탈출과 시골생활을 한다는 기쁨이 모든 것을 압도했었다. 새집 짓기와 목공 작업에 내가 푹 빠져드리라는 것을 어찌 상상할 수 있었겠는가!

처음에는 짬짬이 새집 짓기와 목공일을 하기 시작했다. 맑은 날이면 푸른 하늘을 천장 삼고 비가 오면 데크 아래로 내려가 작업을 했다. 데크 마룻바닥 사이로 떨어지는 빗방울 때문에 데크 안쪽으로 긴 비닐을 치기도 했다. 본격적으로 새집을 짓게 되면서 작업실을 마련하려고 하니 사정이 여의치가 않았다. 궁여지책으로 보일러실 한 귀퉁이, 한 평 반이 조금 넘는 공간을 목공작업실로 만들었다. 아마도 그때부터 목공작업실에 관한 내 안분지족의 철학(?)이 굳건히 자리를 잡게 되었지 싶다.

나무 판재를 재단하고 전동톱 위에 올려놓고 자른다. 각기 다른 세 점의 새집을 만들 계획이다. 먼저 스케치북에 설계도를 그려보고 그 다음 내 머릿속에 집어넣는다. 그렇게 하여 생긴 스케치북이 세 권이 넘는다. 새집 앞면에 출입구(구멍)를 뚫고, 순서대로 자른 나무판재 조각을 새

집 별로 쌓아놓는다.

　내게는 세 개의 공간이 필요하다. 책을 읽는 공간, 글을 쓰는 공간, 새집을 만드는 공간이다. 그 공간에서 읽고 쓰고 만들며 상상의 날개를 펴고, 사색을 즐기며, 창조하는 기쁨을 누린다. 작은 공간은 아늑하다. 군더더기 없이 깔끔한 것이 아니라 혼란이 가미된 공간, 그게 바로 내 작은 작업실이다. 하나 더 필요한 공간이 있기는 하다. 새집을 모아놓고 즐기며 볼 수 있는 공간! 하지만 그건 어림도 없는 소리다. 사정이 그러하니 온 집안, 작업실 구석구석에 새집들이 널려 있을 수밖에 없다.

　새집 짓기에 몰입하다 보면 요란한 전동톱 소리도, 연마기 소음도 잘 들리지 않는다. 나무 먼지도 신경을 쓰지 않게 된다. 지금 만들고 있는 이 새집들은 조그만 시골 성당에 걸어줄 생각이다. 이번 새집들은 모양을 조금 내기로 한다. 조립을 끝낸 새집에 오일스테인을 먼저 칠해주고, 유화물감으로 한두 군데 색칠하여 강조한다. 그때부터 시간을 잡아먹는 모양내기 작업이 시작된다. 시장기가 돈다. 다리도 아프고 허리도 아프다. 점심밥 때가 되었다. 전원 스위치를 내린다.

　오후 작업은 조금 긴장하면서 시작한다. 졸음이 오고 생각이 느슨해지면 안전사고의 위험이 있다. 지난가을 내린천에서 주워온 나무줄기와 가지들을 넣어둔 부대자루들을 작업실로 옮긴다. 두꺼운 것은 이미 두 쪽을 내어 손질해두었는데, 몇 개를 쓰기 위해 한참을 고른다. 언제 해도 피곤한 작업이다. 동판을 오려내고 자그마한 나뭇가지들을 동판에 맞게 자르고 새집 앞면의 좁은 공간에 붙인다. '작은 것이 아름답다.' 이 단순한 표현이 새집과 조화를 이루면 그 아름다움은 배가한다.

　문득 이상한 느낌이 들어 문 쪽을 바라보니 웬 사람이 유심히 나를 보고 있다. "뭐 만드세요?"

순간 정말 놀랐지만 그저 힐끗 한번 쳐다보고 하던 일을 계속한다. 그와 얘기를 주고받다가 돌아가는 기계에 다칠 수 있기 때문이다. 이런 방해꾼들이 나타날 때면 눈길 한번 안 주고 대꾸도 안 하기 때문인지 '늙은 목수 성질 하나 더럽다'는 소문이 돌고 돌아 내 귀에 다시 들어오는 한다. 새집 만들기와 목공 작업은 집중력이 필요하다. 둘 셋이 모여 잡담하며 할 수 있는 작업이 아닌 것이다.

오늘 작업은 시간이 꽤 걸렸다. 오전 오후 여섯 시간 반 걸려 세 점의 새집을 끝냈다. 한잔 술 생각이 간절해진다. 나만의 작은 공간, 이 작은 성에서의 하루 작업이 끝났다.

몇 년 전인가 새집 작업을 하고 있는데 요란하던 기계 소리가 점점 잦아들기 시작했다. 새집 시계를 만든다고 두 달 가까이 연속된 작업을 끝낸 후였다. 처음에는 주위의 소음이 크게 들리지 않아 기분이 꽤 좋았다. 그만큼 집중력이 생기기 때문이다. 그런데 저녁 무렵, 소리가 전혀 들리지 않았다. 깜짝 놀라 집안으로 들어가 아내에게 사정을 설명했다. 그런데 아내의 목소리조차 들리지 않았다. 아내가 내 양쪽 귓속을 들여다보더니 귓속이 귀지로 꽉 들어 차 있다고 했다. 이비인후과에 가서 꽉 막혀버린 귓속의 귀지들을 닷새에 걸쳐 파내야 했다.

그 동안 새집을 만들며 야금야금 귓속으로 들어간 나무 먼지에다 새집시계를 만들 때—연마 작업이 무척 많았다—짙은 아침 안개처럼 퍼져 나온 미세한 나무 먼지가 주범이었다. 작업 시에는 귀마개와 마스크를 꼭 착용하라는 의사의 경고가 있었지만, 나는 아직도 이것들을 쓰지 않고 작업을 한다. 무리한 연속 작업만 피한다면 그건 '받아들일 수 있는 손실'이다.

작고 좁고 무질서하고 톱밥과 나무 먼지가 켜켜이 쌓인 목공작업실. 그러나 그 속에는 내 나름의 질서가 정연해 그곳에서 작업하는 하루하루가 즐겁다.

목수의 꿈 아내 서경옥

"자, 여기 보세요. 이분이 오늘 여러분들에게 새집 만들기를 가르쳐주실 선생님입니다."
초롱초롱한 눈망울들이 일제히 앞에 서 있는 목수의 얼굴에 집중된다.

오늘 아침 옷을 이것저것 고르며 남편이 물어본다.
"오늘 셔츠에 재킷 입고 갈까?"
"아니 목수님이 웬 양복?"
4학년 꼬마 아이들 앞에 서는데 옷부터 마음이 쓰이나 보다.
"그냥 편하게 셔츠에 잘 쓰는 베레모 쓰고 가. 베레모 쓴 목수님, 멋있잖아."
이날을 위해서 나무판재를 사다가 열심히 자르고 다듬고 구멍 뚫고 하느라, 요즘 우리는 새집 이야기만 하던 터였다.

한 달 전 우리 동네에 있는 초등학교의 젊은 선생님 한 분이 찾아왔다.
"한때는 우리 학교가 학생이 계속 줄어 폐교 직전까지 갔었는데, 동네 몇 분과 선생님들이 힘을 합쳐 다시 학교를 살려냈어요. 풍광이 좋은 자연 속에 있어 어느덧 제법 인성과 자연이 잘 어

우러진 학교로 이름이 나게 되었어요. 학교 옆에 스키장도 있어서 스키강습도 학과목에 들어 있지요. 좋은 학교로 방송도 타게 되고 입소문이 퍼져 학생 수가 점점 늘고 있어요. 한 반에 열 명도 안 되었던 우리 반이 이제는 서른 명이 되었어요. 저는 4학년을 맡고 있는데, 선생님 책을 읽고 아이들에게 새집 만드는 법을 가르치고 싶어 이렇게 찾아왔습니다."

목수는 새집을 만들면서부터 오지의 초등학교에 가서 애들과 함께 놀며 새집 만드는 법을 가르쳐주고, 거기에 그림도 그리게 해서 예쁘게 만든 새집을 숲 주변에 많이 달아주고 싶다고 항상 노래처럼 말해왔었다.

"아, 하지요, 언제든지 얘기하세요."

수업 날이 정해지자 목수의 머릿속은 온통 아이들과 새집 만드는 것으로 꽉 찬 모양이다. 교재를 만들까? 시작하기 전에 새 종류부터 가르쳐줄까? 새의 습성도 같이? 못질은 할 줄 알까? 못질 연습부터 시켜야 하나? 이 궁리 저 궁리에 바쁘다. 목재를 사오고 가시가 행여 아이들 손에 박힐까 사포로 밀고, 새집의 앞면·옆면·지붕·바닥이 되는 나무판재들을 하나하나 자르기 시작했다. 그리고 거기에 연필로 일일이 '앞면'·'옆면'·'뒷면'·'지붕'·'바닥'이라고 써넣었다.

"자, 그럼, 이 동네에는 어떤 새들이 살고 있는지 말해볼까요?"

목수의 목소리가 나오기 시작했다.

"까치요, 비둘기요, 참새요."

시골 사는 아이들이라 해도 주변의 새들을 아는 정도는 도시 아이들과 크게 다르지 않다. 아이들이 한꺼번에 말하자 교실이 시끄러워졌다.

"주목!"

목수가 소리를 질렀지만 아이들 소리에 묻혀버리고 만다. 아이들은 중구난방으로 제각기 떠

든다. 목수가 담임에게 묻는다.

"아이들을 조용하게 하려면 어떻게 하지요? 옛날 우리 때는 '주목'했는데……."

"그냥 손뼉 몇 번 치세요."

담임이 빙그레 웃는다.

목수가 나와 함께 박수를 몇 번 치자 정말 모두 조용해졌다. 그리고 미리 준비시킨 장도리를 꺼내놓게 했다. 새로 사온 장도리를 가져온 아이들도 있었지만, 대부분의 아이들이 집에서 가져온 장도리는 손잡이가 부러진 것, 무지막지하게 크면서 뻘겋게 녹이 난 것, 실못이나 두드리면 될 것 같은 아주 작은 것 등 각양각색이었다. 또 못질 연습을 할 수 있도록 집에서 작은 판자 조각들도 가져오라고 했는데, 긴 각목을 가져온 아이에, 예쁜 그림이 그려져 있는 부서진 장을 떼어온 아이도 있었다. 긴 각목을 가져온 아이들은 가져오지 못한 아이들과 같이 쓰게 했다.

우리는 새집 만들기에 필요한 못 스무 개와 연습용 못 열 개를 담은 봉투 서른 개를 아이들에게 하나씩 나누어주었다.

"봉투에서 못을 다섯 개만 꺼내세요. 그리고 나무판자에 연필로 줄 하나를 길게 긋고 그 위에 못을 박아 보세요."

말이 떨어지기가 무섭게 서른 명이 못질을 하는데 가관이다. 손을 찧는 아이, 옆 아이에게로 점점 몸이 수그러지는 아이, 못이 들어가기도 전에 못을 구부러트린 아이, 잘못 박은 못을 빼지 못해 선생님을 부르는 아이……. 그래도 어찌나 신기해하고 재미있어 하는지 아이들의 얼굴이 빨갛게 상기되어간다.

"이제 그만. 지금부터 새집을 지을 나무 판재를 나누어줄 테니 조용히 잘 들으세요."

전날 한 사람 당 일곱 개의 조립 판재 서른 명분을 만들어 비닐에 하나하나 넣어온 것을 아이들에게 한 봉지씩 나누어주었다.

"새집 구멍이 있는 앞면과 옆면1을 서로 붙이는 거예요. 나무판재에 '앞면', '옆면1'이라고 쓰여 있죠?"

나는 열다섯 개의 접착제 통을 아이들에게 나누어주었다. '천원샵'에서 사온 플라스틱 양념통에 접착제를 넣어 두 사람이 하나씩 쓰게 만들어왔다.

"못을 박는 것은 접착제를 꽉 붙여주는 역할을 하는 것이니까 접착제를 너무 많지 않게, 가능한 한 얇게, 골고루 발라주세요."

아이들이 참 꼼꼼하다. 양념통의 좁은 구멍에 들어가기라도 하듯이 머리들을 처박고서는 접착제를 조금씩 바르고 손으로 살짝 펴준다. 나는 휴지를 가지고 다니면서 일일이 아이들의 손을 닦아준다.

다음은 못 박기 차례이다. 먼저 목수가 시범을 보인다. 아이들이 조금 쉽게 작업할 수 있도록 나무 판재마다 드릴로 구멍 두 개를 뚫어놓았는데, 그곳에 못을 넣고 박는 것이다. 손이 조금 빠르고 늦는 차이는 있지만, 낙오자 하나 없이 참 열심히 잘들 따라하고 있다. 이렇게 양쪽의 옆면을 끝내고 뒷면을 붙이고 바닥까지 끝낸다.

마지막으로 제일 어려운 지붕을 씌울 차례다. 목수가 미리 90°로 붙여온 지붕을 아이들이 만든 새집 몸체 위에 올려놓고 접착제를 칠하고 못으로 마감하는 작업이다. 서른 개의 새집이 아이들 손에서 뚝딱 만들어졌다. 자기가 만든 새집이 흐뭇한지 어떤 아이는 가슴에 끌어안고 좋아한다.

"이제는 다 만든 새집에 자기가 그리고 싶은 그림을 마음대로 그려넣으세요."

정말 아이들의 세계는 무궁무진하다. 크레파스로 칠하는 작업인데, 어떤 여자 아이의 새집에는 빨간 버섯이 피어나기도 하고, 나무에 나비가 앉아 있기도 하다. 어떤 남자아이는 새집 전체에 무지개 색을 그려 넣어 굉장히 화려한 새집으로 변신시킨다. 화산이 폭발하는 장면이나 로켓이 날아가는 장면, 심지어 해골을 그려넣은 새집도 있다. 새집 뒷면에 '출입구는 앞쪽에' 라고 쓴

아이, 구멍 옆에 'EXIT'라고 쓴 아이, 'BIRD HOUSE'라고 영어로 쓴 아이, 자기 이름을 커다랗게 쓴 아이도 있다.

"자, 다 완성했으면 머리 위로 올려보세요."

친구들의 새집을 보려는 호기심에 또 한 번 교실은 왁자해진다. 제각기 머리 위로 들어 올린 새집들과 아이들의 즐거워하는 모습에 목수는 흐뭇해한다.

이제 모두 끝내고 나가려는데 한 아이가 내 옆으로 오며 조그맣게 말한다.

"선생님, 이거 집에 가져가고 싶어요."

그건 담임의 재량이라 "그러렴." 하는 소리가 곧바로 나오지 못한다. 나중에 담임에게 물어보니 며칠 복도에 진열해놓았다가 가져가도록 할 거라고 한다.

시골학교라고는 하지만 아이들의 옷차림이나 밝은 모습들은 도시 아이들과 똑같다. 교실에는 컴퓨터에 프로젝터까지 설치되어 있었다. 우리가 갔을 때는 이미 아이들이 목수의 이야기와 목수가 만들었던 새집들을 프로젝터로 보고 난 후였다.

직접 망치질을 하며 자기만의 새집을 만들었다는 성취감에 기뻐하는 아이들의 모습을 보면서, '힘들었지만 하길 잘했다'는 목수의 밝은 목소리가 나를 기쁘게 한다. 학교는 적고 학생 수는 많아 한 반에 60~70명씩에 2부제, 3부제씩 하던 우리의 초등학교 시절을 생각하면 지금의 아이들은 얼마나 행복한가. 교문을 나서면서 우리는 다시 한 번 학교를 돌아다보았다. 예쁜 새집 속에 들어앉은 새 새끼들처럼 아이들이 아름답게 자라기를 바라면서.

점심을 먹고 집에 돌아온 우리 둘은 그냥 쓰러져 두 시간을 내리 잤다. 이제는 즐겁게 한 일도 고단한가 보다.

새집은 나무판재 6내지 7조각의 미학이자,
야생과 인간을 이어주는 생명체의 끈이라고도
할 수 있다.

PART 1

새집에 미친 바보

새집에 미친 바보
어떤 새들이 찾아올까?
나무판재 여섯 일곱 조각의 미학
꼬리에 꼬리를 무는 새집 짓기
새집 예술가
내가 꿈꾸는 새들의 세상
새들이 있는 겨울 풍경

새집에 미친 바보

🏠 거실 창밖에서는 새들이 바쁘게 오가며 먹이를 먹고 있다. 박새와 곤줄박이가 제일 부지런하다. 쇠딱따구리와 오색딱따구리는 조금 있어야 모습을 드러낼 모양이다. 직박구리들의 시끄러운 울음소리가 들린다. 집안을 휘 둘러본다.

방마다 책이 빽빽이 꽂혀 있는 서가 위에 새집들이 올려져 있다. 책상 한편에도 새집들이 몇 채 있다. 거실 바닥에는 새집들이 더 많이 놓여 있다. 방패연, 가오리연도 보이고, 자그마한 성당, 오두막집, 그리고 주전자도 있다. 앙상한 나무 몇 그루 사이로 붉은 단풍의 바다가 펼쳐진 것도 있다. 그래도 이게 다 새집이란다.

스케치북을 펼쳐본다. 기기묘묘한 새집 스케치가 꽉 들어차 있다. 다시 몇 점을 그린다. 오늘 아침 개 데리고 산책하다가 퍼뜩 떠오른 모양이다.

🏠 내가 좋아하는 옛사람 중에 이덕무란 분이 계시다. 박지원, 박제가 등과 함께 조선 후기에 활동한 실학자이자 문인이며, 박학으로 세상에 널리 알려진 탁월한 학자이다. 이분의 문집 중에 "책에 미친 바보"라는, 천성적으로 책을 무척 좋아했던 그분이 자화상처럼 쓴 글이 있다.

목멱산 아래 어리석은 사람 하나가 살았다. 말씨는 어눌하고 성품은 졸렬하고 게을러 세상일을 알지 못하였다. ……
어릴 때부터 스물한 살이 될 때까지 하루도 선인들의 책을 손에서 놓은 적이 없었다. 그의 방은 매우 작았지만 그래도 동·서·남쪽 삼면에 창이 있어 동쪽에서 서쪽으로 해 가는 방향을 따라 빛을 받으며 책을 읽었다.
행여 지금까지 보지 못했던 책을 대하게 되면 번번이 기뻐서 웃고는 했기에, 집안사람들 누구나 그가 웃는 모습을 보면 기이한

책을 얻은 줄 알았다. ……

때로는 조용히 아무 소리 없이 눈을 휘둥그레 뜨고는 뚫어지게 바라보기만 하다가, 때로는 꿈꾸는 사람처럼 혼자 중얼거리기도 했다. 이에 사람들이 그를 가리켜 '책에 미친 바보'라고 불렀지만 그 또한 기쁘게 받아들였다.

- 《책에 미친 바보(이덕무 산문선)》(권정원 편역, 미다스북스)에서 인용

⌂ 날이 어둡다. 보일러실 한 귀퉁이의 한 평 반짜리 작업실은 혼란과 무질서 그 자체다. 나무판재가 무더기로 쌓여 있고 금속판 조각과 크고 작은 연장들이 널브러져 있다. 발 디디고 작업할 공간은 그래도 있다. 작업대 위에는 어제오늘 만든 새집이 몇 채 놓여 있다. 집안으로 가져가 넓다란 식탁 위에 올려놓는다. 식탁의 반은 이미 새집들이 차지하고 있다.

새집들을 들여다본다. 혼자 빙그레 웃다가 새집 몇 채의 방향을 바꾸어 본다. 그리고 혼자 또 중얼거린다. 머릿속에서는 새집의 이미지가 계속 펼쳐진다. 머릿속의 구상과 실제로 지은 새집과의 차이가 무엇인지 골똘히 생각하는 모습이다. 큰소리로 웃으며 벌떡 일어난다. 그렇지! 또 하나의 이미지가 번쩍 떠올랐다가 순간적으로 사라진다. 다시 스케치북을 펴고 그린다. 하루 노동의 피로가 엄습한다.

⌂ 다음 날도 그 다음 날도 일찍 거침없이 작업실로 들어간다. 한 채씩 만든다. 구상했던 것은 때려치우고 갑자기 떠오른 생각을 새로운 새집 만들기에 옮긴다. 자유를 구가한다는 게 뭐 별건가. 하고 싶은 것 제 맘대로 하면 그게 바로 자유지. 새집 만들기의 자유이다.

미소 짓는다.

매일매일 새집 만들기에 푹 빠져 비가 오나 눈이 오나 시간 가는 줄도 모르고 새집을 한 채씩 한 채씩, 세상에 하나밖에 없는 새집을 짓고 또 짓는다. 새집에 지나칠 정도로 골몰한다. 옆에서 굿을 해도 아랑곳없이 새집 만들기에만 미쳐 있다. 그래서 사람들은 그를 '새집 짓는 목수'라고 불렀으나, 그는 '새집에 미친 바보'라고 불러주는 것을 더 좋아했다.

어떤 새들이 찾아올까?

⌂ 무리 지어 나는 철새 떼에게서는 국경을 넘나드는 자유를, 우리가 흔히 산골에서 볼 수 있는 산새들에게서는 생명의 활기를 느낀다.

우리나라에서는 445종의 다양한 새들을 볼 수 있다고 한다. 이중에서 바람에 날려 길을 잃어 어쩌다가 찾아오는 새가 76종이나 된다고 하니, 이를 빼면 모두 369종이 된다. 이 369종 가운데 우리나라에 알려져 있는 텃새가 95종이니 철새의 종류는 274종이 된다.

⌂ 새는 생태계의 정점에 자리 잡고 있어, 새들의 생태는 어느 한 지역이나 한 나라 자연환경의 건강성을 가늠하는 지표가 될 뿐만 아니라 크게는 지구환경을 평가하는 잣대가 된다. 따라서 한 종의 새가 멸종하기까지 100여 종이 넘는 다른 생물들이 지구상에서 자취를 감추게 된다고 하니, 새들의 중요성은 생태학적으로 매우 크다고 할 수 있다.

⌂ 텃새란 박새, 곤줄박이, 쇠딱따구리, 까치나 까마귀처럼 사시사철 우리나라를 떠나지 않고 일정한 지역에서 터를 잡고 살아가는 새들을 말한다. 숲이나 시골마을, 도시의 변두리 지역에서 이 텃새들을 흔히 볼 수 있는데, 우리나라의 텃새는 호주나 동남아시아에서 날아오는 화려한 빛깔의 남방 새들보다 깃털의 색깔이 어두운 것이 특징이다. 또 장거리 비행을 하지 않기 때문에 철새처럼 날개가 가늘거나 뾰족하지 않고 뭉툭하다.

⌂ 높은 산들과 울창한 숲이 우거져 있는 2부능선쯤 되는 곳에 우리 집이 자리 잡고 있어 일 년 내내 많은 산새들(텃새들)이 찾아온다. 덕분에 자연스럽게 산새들을 관찰할 수 있었다. 대표적인 유익조인 박새와 곤줄박이, 동고비가 가장 많이 우리와 얼굴을 맞대지만, 쇠딱따구리와 오색딱따구리도 빈번하게 우리 집을 찾아오고는 한다.

곤줄박이는 특히 사람을 두려워하지 않으며, 동고비는 나무줄기나 가지 위아래를 아주 재빠르고 능숙하게 오르내린다. 우리의 관심거리는 단연 딱따구리들이다. 쇠딱따구리는 동료에게 자기 자신을 알릴 때 부리로 나뭇가지를 두들기며 독특한 소리를 낸다. 번식기에는 유별나게 시끄럽게 울며 암수가 서로 쫓고 쫓기는 추격전을 벌이는 오색딱따구리도 흔하게 볼 수 있다. 깊은 산속에 살며 좀처럼 낮은 곳으로 내려오지 않는 섬참은 오색딱따구리시만, 겨울철에 먹이를 먹으러 자주 우리 집을 찾아오는 것이 우리에게는 무엇보다도 기쁘고 반가운 일이다. 문제는 직박구리들이다. 이들은 떼 지어 몰려다니며 작은 새 한 마리가 열흘은 먹을 쇠기름 덩어리를 한입에 물고 달아난다. 새들은 아름답다. 그리고 참말로 귀엽다.

⌂ 저마다 자기 나라를 대표하거나 상징하는 새를 한두 종류는 갖고 있다. 미국은 흰머리수리를 오래 전에 나라를 대표하는 새로 지정했다. 일본은 일본꿩, 영국은 유럽울새, 독일은 유럽황새, 그리고 뉴질랜드는 우리도 잘 알고 있는, 날지 못하는 키위를 자기 나라를 대표하는 새로 지정했다.

우리나라도 1964년 국제조류보호연맹 한국본부와 한국일보사가 공동으로 공개 응모를 통해 우리에게 친근한 이미지의 까치를 국조로 선정했다. 그런데 몇십 년이 흐른 후 사람들이 길조라고 고마워하며 사랑했던 까치의 신세는 어떻게 되었을까? 우리 모두가 인간의 편이 아니라 새들의 입장에서 천덕꾸러기로 전락한 까치의 신세를 진지하게 다시 한 번 생각해봐야 할 문제다. 나는 조류학자도 아니고 또 철새 도래지를 찾아다니며 열심히 새들을 관찰하는 열성 탐조가도 아니다. 시골생활을 하면서 근처 숲에 살고 우리 집에 날아오는 산새들 — 모두가 우리나라의 전형적인 텃새들 — 에게 집을 지어 달아주고 먹이를 주는, 새를 사랑하는 사람일 뿐이다.

⌂ **박새 : 몸길이 14.5cm**
우리나라 어디에서나 흔히 볼 수 있는 텃새로 환경 변화에 잘 적응하여 설악산, 지리산과 같은 높은 산에서부터 서울의 남산이나 인가에 가까운 숲, 도심의 고궁, 공원, 정원 등에서도 산다. 얼굴의 뺨 부분이 하얀 것이 눈에 띄며 머리부터 배까지는 검고 등 쪽은 청회색이다. 집에서 같이 살고 싶은 새이다. 비번식기에는 다섯 마리에서 열 마리씩 무리를 지어 진박새, 쇠박새, 동고비, 때로는 오색딱따구리, 쇠딱따구리와 같이 숲속을 날아다닌다.
둥지는 나무 구멍에 주로 트나 돌담의 틈이나 인가 또는 건물에 집을 짓기도 한다. 특히 사람이 만들어놓은 새집도 아주 잘 이용하는 새이다. 주로 곤충과 해충을 잡아먹는 유익한 새이며 4월부터 7월까지 한 해 두 번 번식한다.

⌂ **쇠박새** : 몸길이 12.5cm

겨울철에는 시골 마을부터 도시의 공원이나 주택 정원에도 내려오기 때문에 쉽게 볼 수 있는 흔한 텃새이다. 번식기에는 숲속이나 높은 산에서 산다. 머리끝은 광택이 도는 검은색이며 몸통 윗부분은 갈색이 도는 연한 회색으로 날개에는 흰 줄이 없다. 산란기는 4~5월이며 곤충의 애벌레, 곤충류, 거미류 및 장미과의 열매를 즐겨 먹는다.

박새처럼 딱따구리의 옛 둥지나 나무 구멍에 둥지를 트나 인공 새집도 잘 이용한다. 겨울철에 대비하여 나무의 종자나 열매 등을 나무의 틈새나 옹이에 비축하기 때문에 '식량을 저장하는 새'로 불리기도 한다.

⌂ **진박새** : 몸길이 11cm

박샛과 중에서 가장 작은 새이며 흔히 볼 수 있는 텃새이다. 머리끝에는 검은색의 작은 댕기가 있고, 머리와 가슴 윗부분은 검고 몸통 윗면은 어두운 청회색을 띤다. 날개에는 가느다란 흰색 띠가 있고 가슴은 연한 크림색이다.

산림이나 공원에서 살며, 비번식기에는 다른 박샛과와 무리를 지어 다닌다. 산란기는 5~7월 사이이며 딱정벌레, 나비, 매미 등 곤충류를 잘 먹지만 장과나 열매 등 식물성 먹이도 좋아한다. 둥지는 다른 박샛과와 같다.

⌂ **곤줄박이** : 몸길이 14cm

어렸을 적 새 점을 치는 데서 흔히 본 새로 박새와 비슷한 크기의 텃새이다. 사람들의 사랑을 특히 많이 받았다. 머리 맨 윗부분에서 뒷목까지는 검은색, 이마와 얼굴은 크림색을 띠는 흰색, 등과 배는 적갈색, 배 가운데는 크림색을 띠는 회색이다.

산림, 공원, 정원 등 낙엽활엽수림에서 주로 산다. 번식기에는 곤충을 잡아먹고, 가을과 겨울에는 나무열매나 씨를 먹고 산다. 가을에는 줄기의 갈라진 틈새나 썩은 나무의 작은 구멍에 먹이를 저장했다가 겨울에 꺼내 먹기도 한다. 산란기는 4~7월이며 박샛과와 같은 곳에 둥지를 트는데, 인공 새집도 아주 잘 이용한다.

동고비 : 몸길이 14cm

나무줄기나 가지를 잘 타 재빠르게 움직이면서 먹이를 찾는 이 새는 여름철이면 쉽게 볼 수 있는 흔한 텃새이다. 등은 청회색, 배는 흰색이다. 굵고 검은색의 눈 선이 있으며 가느다란 흰색의 눈썹 선을 볼 수 있다. 활엽수림이 많은 산지와 임야에 살며, 딱따구리의 옛집이나 인공 새집에 둥지를 튼다. 산란기는 4~6월이며 곤충류, 거미류, 나무의 열매나 씨앗도 잘 먹는다.

직박구리 : 몸길이 28cm

비교적 몸집이 큰 텃새로서 파도 모양으로 날며 시끄럽게 지저대는 습성이 있다. 머리와 등은 푸른색을 띠는 회색이며 날개는 회색을 띠는 갈색이다. 눈 뒤로 밤색의 반점이 있고 배에서 꼬리 쪽으로 가면서 흰색 반점이 많아진다.
산림, 시골마을, 도심의 공원이나 주택의 정원 등에서 살며, 특히 겨울철에 공원이나 정원에 먹이집을 설치하고 먹이를 주면 많이 모여들기도 한다.

⌂ 쇠딱따구리 : 몸길이 15cm

딱따구리과 새 중에서 가장 몸집이 작은 새로서 스님의 아침 예불보다도 먼저 목탁을 두드리고 간다는 말이 있다. 우리나라 전역에서 흔히 볼 수 있는 텃새이다.

어두운 갈색 머리에 흰 눈썹 선과 뺨 선이 있고, 등에는 흰 가로줄 무늬, 배와 옆구리 부분에는 갈색의 세로줄 무늬가 뚜렷하게 있다. 수컷 머리에는 붉은 점이 있으나 눈에 잘 띄지 않는다. 나무줄기에 구멍을 파고 둥지를 튼다. 산란기는 5월 상순에서 6월 중순이며, 곤충류와 나무 열매를 주로 먹고 야산이나 공원의 숲속, 산림에서 산다.

⌂ 오색딱따구리 : 몸길이 24cm

큰오색딱따구리보다 몸집이 조금 작은 새로서 어디에서나 볼 수 있는 흔한 텃새이다. 등과 꼬리 가운데 부분은 검고 바깥 꼬리는 옆으로 하얗고 검은 반점이 있다. 등 뒤에는 V자 모양의 크고 하얀 반점이 있다. 몸 아랫부분은 엷은 황갈색이고 얼굴부터 가슴까지 검은 줄이 있으며 아랫배에서 아래 꼬리 덮깃까지는 붉다. 수컷은 머리끝이 검으며, 머리 뒷부분은 붉은색이다. 암컷은 머리끝부터 뒷부분까지 검은색이다.

산란기는 5월 상순에서 7월 상순 사이다. 숲에서 살며 나무줄기를 두드려 구멍을 내어 긴 혀를 이용해 그 속에 있는 곤충의 애벌레를 잡아먹기도 하는데, 곤충류, 거미류, 식물의 열매를 즐겨 먹는다.

큰오색딱따구리 : 몸길이 28cm

구별하기는 어려우나 오색딱따구리보다 약간 크고 부리가 길다. 배의 윗부분은 희고 아랫부분은 붉으며 가슴과 옆구리에는 검은색 세로줄 무늬가 있다. 등은 검고 흰색 가로줄 무늬가 있으며, 날 때 흰색 허리가 보인다. 암컷은 머리 꼭대기가 검고, 수컷과 어린 새의 머리 끝은 붉다.

노랑할미새 : 몸길이 18cm

할미새과에 속하는 여름철 새로 얄밉도록 잠시도 쉬지 않고 꼬리를 흔든다. 부리는 검고 배와 허리는 노랗다. 머리와 윗면은 푸른 회색이고 눈썹 선은 흰색이다. 깊은 계곡이나 호숫가에 살며, 날 때는 파도 모양의 큰 호를 그리며, 꼬리를 위아래로 쉴 새 없이 흔들며 걸어 다닌다. 지붕 틈, 암벽 틈, 벼랑, 돌담의 틈에 집을 짓고, 곤충류나 그 애벌레, 거미 등을 먹는다.

어치 : 몸길이 33cm

고양이 소리, 말똥가리나 매의 울음소리 등 조를 바꿔가며 새들의 울음소리를 그럴 듯하게 흉내 내는 까마귓과에 속하는 텃새이다. 머리는 적갈색, 몸은 회갈색이며 시끄럽게 울기도 한다. 날 때는 허리와 날개의 흰 점이 뚜렷하게 보이는 산림성 조류이다. 도토리를 잘 먹는 까치와 같은 잡식성이다.

새 그림 : 서경옥

새집에 미친 바보

나무판재 여섯 일곱 조각의 미학

🏠새는 척추동물 중에서 가장 아름다우며 맑고 청아하고 깊은 소리를 내는 음악적인 동물이다. 그렇다면 이런 새들과 우리들을 연결시켜 주는 새집이란 과연 무엇인가를 한번쯤은 생각해보게 된다.

새집은 나무판재 여섯 일곱 조각의 미학이며, 야생과 인간을 이어주는 생명체의 끈이라고도 할 수 있다.

🏠 새집은 살림집과 먹이집으로 나눌 수 있다. 살림집은 새들이 번식기에 알을 낳고 품어 새끼를 치는 집이고, 먹이집은 새들이 물 마시고 먹이를 먹으며 놀다 가는 집이라고 할 수 있다.

작은 텃새들인 박새, 곤줄박이, 진박새, 찌르레기, 동고비와 북방쇠찌르레기 등이 찾아와 살림집에 해마다 둥지를 튼다. 겨울철이 되면 직박구리, 쇠딱따구리, 몸집이 큰 오색딱따구리, 큰오색딱따구리에 어치까지 작은 산새들과 어울려 먹이집들에서 겨울 내내 먹이 잔치를 벌인다. 야생과 문화가 생명이라는 주제를 놓고 공생이라는 흥겨운 잔치를 펴는 한마당이 된다.

🏠 새집은 인간이 만든 조형물이다. 굴러다니는 빈 깡통으로 새집을 만들 수 있고, 조금 큰 유리병이나 작은 오지항아리와 유리로 된 꽃병으로도 훌륭한 새집이 탄생한다. 구리판, 알루미늄판, 함석판, 쇠판 등 금속판을 써서 새집을 만들기도 한다. 그릇 만들 듯이 흙으로 빚어 가마에 구워서 새집을 만들 수도 있다. 엉뚱한 발상이 빛을 발하고, 다양한 소재와 디자인을 써서 만든 것이든 아니든, 새집은 자연과 한 몸이 되기 마련이다.

🏠 새집은 나무로 만든 것이 가장 아름답다. 새 나무판재보다는 햇볕에 바라고 눈비 맞으며 시간을 견디어낸 헌 판재로 만든 새집은 골동품처럼 은은한 세월의 느낌을 전해준다. 나무판재의 가장 큰 장점은 어떤 소재보다도 자연과 가장 잘 어울

리는 소재라는 점이다. 쓰레기더미에 묻히거나 화목으로 사라져갈 헌 판재 몇 조각으로 지은 새집은 새들이 날아드는 활력이 넘치는 소중한 생명체를 끌어안는 그릇으로 탈바꿈한다.

⌂ 새집 짓는 사람은 세상을 위해 뭔가 좋은 일을 하고 있다는 느낌을 갖게 된다. 새집 만들기는 여가활동의 하나로, 또는 취미로 시작하지만, 이것이 지속되면 사람이 보통의 삶을 영위하는 하나의 방식에 녹아들기도 한다.

⌂ 나는 오랜 세월 동안 새집을 지으면서 때때로 새들의 시각에서 자연과 사람을 바라본다. 사람의 시각만으로는 새들의 삶과 인간을 조화시키기가 힘들다는 생각에서다. '자연과 인간은 공존할 수 없는가!'라는 거대한 명제를 떠올리며, 새집 짓기라는 자그마한 행위를 통해 사람과 우리 주위에서 흔히 볼 수 있는 산새(텃새)들과의 공존이 가능하다는 생각을 해본다.

꼬리에 꼬리를 무는 새집 짓기

새집 만들기는 기본형 새집, 바로 이 단순한 두 개의 새집에서 출발한다. 기본형 새집 두 종류만 능숙하게 짓기 시작하면 꼬리에 꼬리를 무는 영어처럼, 꼬리에 꼬리를 무는 새집들이 탄생한다. 새집의 형태와 장식내기의 다양성이 시작된다.

새집 짓기에는 왕도가 없으며, 풍부한 상상력에 창조적 실행력이 뒤따른다면 나만의 독특한 새집들을 끊임없이 지어낼 수 있다. 단순히 재단된 몇 개의 나무판재 조각을 가지고 자기 나름대로 새들과, 자연과 소통할 수 있다는 것이 얼마나 행복한 일인가.

나는 지금까지 200여 종 1,000여 채가 넘는 새집을 만들었다. 우리가 늘 대하고 있는 사물과 자연 속에서 영감과 상상력은 끊임없이 흘러나온다. 생각의 문을 활짝 열어놓고 주전자 형태의 새집을 한 채 지으면 이어서 두 채, 세 채…… 일곱 여덟 채의 주전자 새집 시리즈가 탄생한다. 수백 년 나이 먹은 고목 한 그루에

서 숲속의 정적 새집 시리즈가 10여 채 나오고, 한적한 시골마을 풍경에서 원두막과 외갓집 새집을 짓게 된다. 하늘을 시원스럽게 날아다니는 연을 보면서 방패연과 가오리연 새집 시리즈가 나오니, 새집 만들기란 정형성의 틀이 없는 자유로운 창작 활동임을 새삼스럽게 다시 한 번 깨닫게 된다.

⌂ 산속 깊은 곳에 있는 옹달샘에서 끊임없이 물이 솟아 졸졸 흐르며 시내를 만들고 강을 이루며 바다로 흘러가 대해가 되듯이 새집 짓기는 나에게 무한한 가능성을 열어주는 조형작업이다. 이렇게 단순한 새집에 치장을 하고 모양내기를 하면 또 다른 무궁무진한 새집들의 세계가 펼쳐진다. 작은 밀알 하나가 떨어져 세상을 바꿀 수 있다. 생각을 자유롭게 하라. 그러면 새집 짓기에 대한 생각의 샘이 열린다.

새집 예술가

🏠 시골에 둥지를 틀고 난 후, 첫 한해는 정말 빠르게 지나갔다. 우리 부부가 아침저녁 산책을 즐기던 홍정계곡에는 열목어들이 뛰놀았고, 새끼들을 데리고 유유자적하던 원앙새 무리는 우리 부부에게 낯을 가리지 않았다. 맑은 공기, 한적함, 청아한 산새 울음소리를 들으며 하루하루가 꿈같이 지나갔다. 새집 짓기에 푹 빠져 있는 사이에 이곳 홍정계곡에도 폭풍우가 몰아치기 시작했다.

우리가 사는 세상은 변하기 마련이다. 그 변화가 좋은 방향으로 가느냐, 나쁜 방향으로 흐르냐가 문제일 뿐이다.

🏠 어느 날, 나는 갑자기 새집을 짓겠다고 작은 손톱 한 자루와 못 몇 개, 망치만을 가지고 작업을 시작했다. 새집을 만들 나무판재는 며칠 전 농원 안을 산책하다가 주워온 것이 꽤 있었지만, 새집에 관한 구체적인 정보는 별로 갖고 있지 않았다. 다만, 동생이 만든 새집 두 채를 갖고 있었고, 새집 구경은 자주 했었다.

우선 나무판재를 톱으로 썰어 새집 앞판과 뒤판, 지붕면과 바닥을 잘라 못을 박고 만든 것이 생애 처음으로 만든 새집 두 채였다. 새집 출입구(구멍)를 뚫을 도구가 없어 살림집은 만들지 못하고 결국 먹이집을 짓게 되었다. 내가 보기에도 첫 솜씨 치고는 괜찮았다.

나무판재 조각들을 부지런히 모으고 간단한 도구 몇 가지만 준비하면 새집은 충분히 지을 수 있겠다는 자신감이 생겼다. 세상일이란 다 조그마한 시도에서부터 우연히 시작되는 거니까.

시간이 좀 흐른 후 동생이 새집을 몇 채 보내주고, 자기가 쓰던 기계와 도구들을 하나둘씩 주었다. 내 새집 만들기는 동생(이대철, 살둔 제로에너지센터 운영)의 덕을 많이 본 셈이다. 나는 지금까지도 작은 내 작업실에서 — 너무 비좁다 — 1,000여 채가 넘는 새집들을 하나씩 하나씩 지으면서 작업을 계속하고 있다.

⌂ 시인은 시를 쓰고, 소설가는 소설을 쓴다. 화가는 그림을 그리고, 조각가는 조각을 하며, 작곡가는 음악을 작곡한다. 그럼, 새집 짓는 사람은? 새집 짓는 사람은 나무 등의 다양한 재료를 써서 새집을 만들고, 새집에 그림을 그리고 조각도 하며, 나뭇가지를 붙이기도 하고, 또 아름다운 시를 써 넣을 수도 있다.

그래서 나는 새집 짓는 사람을 다양한 장르를 넘나들며 종합적인 조형을 추구하는 새집 예술가라고 즐겨 주장한다. Birdhouse(새집)+Artist(예술가)=새집 예술가

⌂ 나는 새집들을 지으면서 많은 것을 배웠고 깨달았다. 새집 짓기가 능숙해지면서 자연스럽게 목공일의 기본을 터득했고, 나무로 무엇을 만든다는 것에 대해 자신감을 갖게 되었다. 개집도 짓고 — 단지 크다는 것뿐 — , 웬만한 집수리는 모두 내 손으로 직접 처리하게 되었다. 나무와 새들의 관계, 새들이 인간에게 얼마나 유익한지, 작은 산새들이지만 생명이란 얼마나 소중한지……, 내가 배운 것은 이루 열거할 수 없을 정도로 많다. 그러나 무엇보다도 세상과 사물을 바라보는 시각이 많이 달라진 것이 가장 큰 수확이라는 생각이 든다.

- 새집은 누구나 작은 공간에서 간단한 도구로 쉽게 만들 수 있다.
- 작은 나무판자 6~7조각으로 새집을 만들 수 있고, 특히 화목으로 태워질 폐목들을 이용할 수 있어 지구 구하기의 단초를 제공한다.
- 새집 짓기는 단시간 내에 성취감을 얻을 수 있고, 큰 비용이 들지 않는 작업이다.
- 머리와 손을 쓰고, 때때로 온몸을 움직이기도 하니 정신적·육체적 노동행위라 할 수 있다.
- 주위 자연환경과 새들에 대한 이해를 갖게 되므로 자연을 보는 새로운 시각을 갖게 된다.
- 누구의 간섭이나 규칙에 구애받지 않고 자유롭게 할 수 있는 창작활동이다.

⌂ 새집의 수명은 재활용 판재로 만들어도 10년 이상은 간다. 좋은 판재로 만든 새집은 잘 관리하면 20년은 훌쩍 넘긴다. 그리고 이 새집들은 수명을 다하면 흔적을 남기지 않고 분해되어 자연의 품으로 모두 돌아간다.

내가 꿈꾸는 새들의 세상

풍경 1

나지막한 구름 한가운데 집 한 채가 자리 잡고 있다. 집 주위에는 크고 작은 나무들이 덤불과 함께 사이좋게 자라고 있고, 앞이 탁 트인 남쪽으로는 시원스런 들판이 펼쳐져 있다. 집 벽에도 새집들은 걸려 있고, 데크 난간 위에도 올려져 있다.

앞마당에 꽂혀 있는 높고 낮은 폴대 위에 수십 채의 새집들이 방사형으로 사열하듯이 서 있다. 대문 양 옆 기둥에는 모양을 잔뜩 낸 커다란 새집 두 채가 그 모습을 뽐내며 찾아오는 이들을 제일 먼저 반긴다. 동쪽 창문으로 내다보면 크고 작은 새집 두 채가 꼭 오누이를 닮은 듯이 다정하게 서 있다. 대문에서 들어오는 양쪽 길 낮은 울타리 위에도 새집들이 옹기종기 놓여 있다.

일 년 내내 새들이 바쁘게 오간다. 봄여름에는 새들이 새끼 치러 살림집에 드나들고, 늦가을부터 겨울철 내내, 늦은 봄까지는 먹이를 먹으러 먹이집에 부지런히 찾아온다. 걸려 있는 새집들만 해도 백여 채가 넘는데 똑같이 생긴 새집은 찾아보아도 눈에 띄지 않는다. 저마다 제 개성을 자랑하며 새들을 맞이한다. 이것이 내가 꿈꾸는 새들의 세상, 새집 천국이다.

또 있다! 남향받이 마당 한쪽에 아담한 건물이 하나 더 있다. 동서로 길게 남향으로 난 건물 벽에는 가지각색의 새집들이 제멋대로 걸려 있고, 벽 한가운데에는 무지개처럼 일곱 가지 색깔로 칠해진 커다란 새집 한 채가 상징적으로 걸려 있다.

문을 열고 들어가면 새집전시관이 있고, 바깥에 걸린 새집들보다 더 많은 새집들이 찾아오는 이들을 환영한다. 이 건물에는 또 하나의 특별한 곳이 있다. 바로 새집 만들기 학교이다. 사람들의 관심을 새들에게 모으고, 새집을 많이 만들어 보급하기 위해 새집 만들기를 가르쳐주는 학교이다. 학생 수를 제한하여 한 번에 두세 명씩만 받아 새집 만들기를 가르친다.

풍경 2

공기 맑고 한적한 시골에 한 자그마한 성당이 있다. 주일마다 미사 보러 오는 신자들이 오륙십 명쯤 될까. 야트막한 언덕 위에 소곳이 자리 잡은 성당 뒤에는 수십 년 된 나무들이 빽빽이 들어차 숲을 이루고, 성당을 따라 오르는 길 양쪽으로도 커다란 나무가 드문드문 서 있다. 성당 서쪽으로도 우람한 나무가 몇 그루 더 있어 양지바른 남향을 제외하고는 우람한 나무들이 푸근하게 예쁘장한 성당을 감싸 안고 있는 모습이다.

이 성당에 나는 새집을 달아보려 한다. 성당 건물을 돌아가며 두세 개씩 새집을 한데 묶어 걸어놓고, 커다란 나무 위에도 새집을 한두 채씩 설치한다. 성당 앞까지 오는 조그만 오솔길에는 양쪽으로 십여 개씩 나무 기둥을 박고 그 위에 크고 작은 새집들을 올려놓는다. 성당 남쪽의 빈터에는 오륙십 개의 얇은 나무 기둥을 높낮이가 다양하게 무작위로 세우고, 새집마다 빨강, 파랑, 초록 등 한 가지 색깔로 포인트를 줄 생각이다. 이렇게 형형색색의 새집들을 설치하여 새집의 집단적인 아름다움을 보여주고, 성당에서 사진 찍기에 가장 좋은 명당 장소로 만들고 싶다.

겨울철이면 눈이 소복이 쌓인 새집들이 햇빛에 반짝인다. 산새들이 시도 때도 없이 날아들어 수녀님은 먹이 주기에 바쁘시다. 두 손을 벌리고 손바닥에 먹이를 놓고 있으면 박새나 곤줄박이가 먹이를 물어가고 수녀님의 어깨 위에도 살포시 내려앉는다.

찾아오는 산새들과 아담한 성당과 새집들이 어울려 한 폭의 그림이 되어 자연 속으로 녹아든다. 그래서 작지만 한국에서 가장 사랑스럽고 아름다운 새집 성당, 새들의 성당을 만들고 싶다.

풍경 3

깨끗하게 손질된 잔디밭에는 군데군데 꽃들이 심겨 있다. 앞마당에는 큰 나무 두세 그루가 그늘을 드리우고, 새집이 한두 채 걸려 있다. 현관 앞에는 크고 작은 윈드차임(windchime, 일종의 풍경 같은 것)이 두세 개 걸려 있어 바람이 불 때마다 슬그머니 아름다운 소리를 낸다.

뒷마당에도 크고 작은 나무들과 덤불이 있고 나무마다 새집이 걸려 있다. 나무로 만든 새살림집도 있고, 플라스틱으로 찍어낸 기기묘묘한 새먹이집도 몇 채씩 걸려 있다. 새들이 시도 때도 없이 먹이를 먹으러 찾아든다. 다람쥐들도 한몫한다. 이 귀여운 도둑들을 막으려는 장치들이 시선을 끈다. 깔끔하게 가다듬은 잔디와 몇 그루의 큰 나무들과 다채로운 꽃들, 똑같은 모습의 교외 주택들, 연이어 이 풍경은 계속된다. 새들이 집집마다 날아드는 풍경도 계속 이어진다.

산림 파괴, 농약오염 등 환경 재해에도 불구하고 미국에 살고 있는 새들의 개체 수는 계속 늘어나고 있다고 한다. 각 가정에서 찾아오는 새들에게 새집을 달아주고 먹이를 계속 공급해주어 새들의 번식에 커다란 몫을 하고 있기 때문이란다. 미국 중산층의 교외 주택단지는 새들의 세상, 새들의 천국인가? 문화선진국이란 그냥 만들어지는 것이 아니란 생각이 든다. 미국과 캐나다의 교외 주택지구를 돌아다니면 누구나 흔히 볼 수 있는 광경이다.

풍경 4

고개를 한껏 뒤로 젖히고 올려다봐도 하늘 보기가 쉽지 않다. 수시로 강한 바람이 분다. 주상복합 빌딩이라는 괴물들 옆에는 고층 아파트 단지가 군집을 이루고 있다. 이따금씩 나타나는 작은 공원에는 십여 그루의 나무들이 왜소하게 서 있는 것이 민망스럽다. 녹색의 전부가 이것인 듯하다. 귀를 기울여도 새 지저귀는 소리는 들리지 않는다. 거대한 정물화 풍경에 소음만 요란하다. 새가 날아들어야 생명이 활기를 띠고 풍경이 살아 숨 쉰다. 가히 아파트 천국, 고층빌딩 천국이다. 가진 자나 가지지 못한 자나 고층군에 대한, 아니 높이에 대한 선망에 기가 질린다. 사람들은 이제 까마득한 고층 건물들 사이로 보이는 손바닥만 한 하늘을 쳐다보고, 맑고 파란 하늘이 어쩌다 보이면 이제 가을인가 중얼거리며 그나마 계절의 변화를 잠시 느껴보는 듯하다.

자연 친화적인 도시가 아니면 이제는 도시라고 부를 수도 없다. 쾌적한 환경조성은 도시문화의 중요한 구성요소가 되었다는 세상이다.

아파트 단지 정문을 들어서면 양쪽으로 커다란 느티나무 십여 그루가 보인다. 큰 나무들 사이사이에는 나지막한 상록수들이 심겨 있고, 형형색색의 꽃들이 눈길을 끈다. 아파트와 아파트 사이에도 북쪽으로는 침엽수들을 배치해놓고 단풍나무와 같은 활엽수들을 심어놓았다. 작은 공원들이 군데군데 있다. 침엽수와 활엽수를 섞어 심은 자그마한 숲에 덤불들이 조성되어 있다.

아파트 단지 한쪽은 야트막한 구릉으로 살려내고 나무와 덤불이 우거진 숲을 만들었다. 나뭇잎들 사이로 새집들이 보인다. 크고 작은 새살림집과 새먹이집들이 둘씩, 셋씩 보기 좋게 걸려 있다. 새들이 날아들기 시작한다. 새집들이 더 많이 필요해진다. 이 아파트를 지은 건설회사가 새집들을 다시 달아주기 시작한다.

모두 반가운 텃새들이다. 도심에서 흔히 볼 수 있었으나 사라졌던 참새들도 다시 돌아오고 박새와 곤줄박이도 눈에 띄고, 극성맞은 직박구리도 떼 지어 날아다닌다. 아파트 주민들은 새살림집과 새먹이집을 만들거나 구해서 부지런히 나무에 걸어준다. 겨울철이면 새먹이집이 특히 빛을 발한다. 두껍게 눈을 뒤집어쓴 새집들 사이로 새들이 바쁘게 오간다. 주민들은 새먹이집에 먹이 넣어 주느라 무척 바빠진다. 간간히 들려오는 청아한 새 지저귐 소리에 주민들 일상은 활기를 띤다.

손바닥에 해바라기 씨나 땅콩 부순 것을 올려놓고 박새와 곤줄박이가 날아와 먹이를 먹고, 머리 위에, 어깨 위에 이들이 앉아 쉬는 그런 풍경을 주민들은 꿈꾸고 있는지도 모른다.

새들이 있는 겨울 풍경
– 아내 서경옥,《엄마의 공책》중에서

아침 열한 시가 조금 넘었다.

오늘 아침은 침대에서 늦장 부리기로 작정했다. 마주 보이는 창의 커튼을 올리니 해가 중천에 떠서 햇볕이 데크를 따듯하게 내리쬐고 있다. 밖은 영하 24도라 한다.

밖에는 새들이 분주하다. 부지런한 새(early bird)들이 새벽에 한차례 다녀가고 지금은 나처럼 게으른 새들이 오는 시간이다. 새집 지붕 위에 앉으려는 새 하나가 지붕에 쌓인 눈에 미끄러져 눈을 뒤집어썼으나 가볍게 털고는 곧장 새먹이집으로 들어간다. 연방 좌우를 두리번거린다. 새들이 잘 먹는 쇠기름은 영하 20도에서는 모두 딱딱하게 얼어 버리지만 새먹이집에 고정시켜 놓은 기름 덩이를 가느다란 다리로 버티고 서서 잘도 쪼아 먹는다.

한 남자가 새먹이집 한 집에 한 덩어리씩 먹이를 넣어 주고 있다. 새들은 남자가 옆에 가도 별로 놀라지도 않고 도망가지도 않는다. 새들에게도 자기들 밥 주는 사람으로 인식이 되어 있나 보다. 새 먹이 주는 남자의 모습과 그 주위를 넘나드는 새들의 모양이 한데 어우러져 아름다운 그림을 만들어낸다. 겨울 햇살이 이들을 따듯이 비춘다.

새집 위에 아직도 소복이 쌓여 있는 하얀 눈이 겨울이 한창인 것을 알려준다. 잎이 다 떨어진 앙상한 나뭇가지와 거기 앉아 열심히 부리를 나뭇가지에 비비며 닦고 있는 새, 나뭇가지 사이사이를 잘도 날아다니는 새들의 비상이 또 하나의 그림을 만들어낸다.

아! 딱따구리가 왔다. 진분홍? 진홍? 진빨강? 배에 이런 색이 있는 오색딱따구리다. 그 새는 보통 박새와는 달리 조금 크다. 까치보다는 좀 작고 비둘기보다도 조금 작다. 큰 나무 위에서 껑충껑충 뒷걸음쳐서 아래로 내려오고 있다. 드디어 새먹이집에 도착. 딱딱한 먹이 덩이를 열심히 쪼아댄다. 한번 새먹이집 하나를 차지하고 먹기 시작하면 한 십 분은 먹는다. 새집 하나를 독차지하고 열심히 쪼는데 딴 새들처럼 횃대 위에 앉아 쪼아 먹는 게 아니다. 나무 등걸에 곧추서서 구멍을 뚫는 자세로 먹이집 바닥끝에 수직으로 서서 열심히 쪼아 먹는다. 어느 누가 딱따구리를 유리창 너머 바로 앞에서 볼 수 있겠는가?

이번엔 산비둘기처럼 생긴 직박구리 두 마리가 날아왔다. 이놈들은 꼭 두 마리가 같이 다닌다. 새먹이집은 작은 새를 기준으로 만들었기 때문에 직박구리나 조금 더 큰 어치에게는 좀 작다. 그래서 이놈들이 먹이를 가져가려고 작은 집에 큰 몸뚱이를 집어넣으려 하니 달아놓은 새먹이집이 마구 흔들린다. 또 데크 난간 위에 올려놓은 어떤 새집들은 그만 아래로 떨어지고 만다. 한 놈이 먼저 먹는 동안 다른 한 놈은 나뭇가지에 앉아 지켜보다가 한 놈이 먹는 것이 끝나서 나뭇가지로 올라가면 그제야 내려와서 먹는다. 그리고 올라갈 때는 큰 기름 덩이 하나를 물고 올라간다. 이놈

새집에 미친 바보

들은 다른 새들처럼 쪼아 먹지 않고 덩어리째 가져간다. 그래서 먹이 주는 남자는 그놈들을 위해 기름을 사방 1cm 정도로 잘라 먹이집에 놓아둔다.

이놈들이 오면 새 먹이가 뭉텅뭉텅 없어진다. 작은 새들이 열흘 먹을 것을 이놈들은 한입에 쓱싹. 그래도 내일 아침엔 또 이 남자가 중얼거리며 잘게 썬 쇠기름 뭉치를 새집에 하나씩 올려줄 것이다.

동고비도 왔다. 이 새도 딱따구리처럼 나무를 잘 타는데 나무를 타고 내려올 때는 딱따구리와는 달리 머리를 아래로 하고 내려온다. 몸에서부터 그어져 있는 선이 입까지 연결돼 있어 몸은 작지만 길게 유선형으로 보인다.

날은 차지만 바람 한 점 없고 햇살이 맑다. 이 집 저 집 드나드는 새들, 큰 직박구리 두 마리와 딱따구리는 날아가버리고, 박새와 곤줄박이는 떼를 지어 다니고…….

한동안 서울 일로 시골집을 비워놓았다가 오면 그사이에 새먹이집의 먹이들은 다람쥐나 새들이 다 먹어버려 텅 비어 있다. 가끔 밥이 남아 있나 살피러 오는 새들도 멀리서 보고 그만 훌쩍 날아가버린다. 다시 먹이 주는 남자가 먹이를 놓아주면 한 놈 한 놈 날아와서 먹기 시작하는데 서로서로 어떻게 알리는지 그것도 궁금하다.

사람이 도저히 상상할 수 없을 언어로 새들은 이런 대화를 나눌지도 모르겠다.

"아! 집주인께서 드디어 오셨군요."
"너무 오랜만에 오시면 우리가 배고프죠."
"딴 새들에게 알려야지, 주인님 오셨다고."
"우리 동네 새들한테만 알려야지."
"얘들아, 우리 같이 가서 밥 먹자."
"저 멀리 먹이 찾으러 간 엄마 새에게도 알려!"
"큰 새들에겐 알리지도 않았는데 어떻게 알고 왔지?"
"큰놈들 때문에 속상해! 저놈들은 새집에 한번 들어가면 나올 줄을 몰라!"
"맞아! 나오고 나서 보면 집안에 먹을 게 하나도 없어!"
"그렇지만 내일 주인님이 또 채워주실 거야."
"그래도 우리 너무 많이 와서 먹는 거 아냐?"
"그래, 지금 세어보니까 우리가 한 삼십 명은 되겠다."

'명'? 하기야 '마리'라는 것도 사람들이 붙여놓은 이름이니까.
"그래 좀 쉬었다 이따가 오자. 게걸들린 새처럼 보여 좀 창피해."
"저기 저 집의 먹이는 내 거니까 너, 옆에도 오지 마."
"너 내 옆에 오지 말라고 했지! 맛 좀 볼래?"
나뭇가지 사이사이를 쫓고 쫓기며 새들은 가지 사이를 잘도 피해 다니며 날아간다.
"쯧쯧, 싸움들 해라. 내가 먹어야지!"
"오늘은 날씨가 추워서 먹이가 너무 딱딱해. 그래도 맛있어."

작은 새는 작은 새대로, 큰 새는 큰 새대로 열심히 맛있게 쪼아 먹는다. 창에서 내다보는 새들이 있는 겨울 풍경이 너무 아름답다.

그러니까 새들이 이 새집들을 얼마나 좋아해서 자주
찾아오느냐 여부는 전적으로 새들의 자유의사에 달려 있는
새들의 몫이다.

PART 2

새집의 기본

새집의 크기
새집의 지붕
새집 출입구의 크기
새집 조립 전 반드시 해야 할 것
못 혹은 나사못 박기
겨울철 먹이 주기와 새먹이집에 먹이꽂이 달아주기
헌 판재, 나뭇가지와 같은 모양내기 재료들
새집 달기

새집의 크기

새집을 지을 때 제일 먼저 부닥치는 문제는 새집을 어떤 크기로 지어야 하는가 하는 것이다. 두 가지 사항을 알고 있으면 이 문제는 쉽게 해결된다.

첫째, 우리가 지으려는 새집은 우리 주위에서 흔히 볼 수 있는 동고비나 박새처럼 몸집이 작은 산새들(텃새들)을 위한 새집이다. 몸집이 커다란 직박구리나 어치, 딱따구리 들을 위한 새집이 아니란 점이다.

둘째, 새집을 살림집과 먹이집으로 구분한다. 새살림집은 새들이 알을 낳고 품어 새끼를 기르다가 새끼들이 자라서 독립할 때까지만 일시적으로 사는 집이다. 새먹이집은 새들이 물을 마시고 먹이를 먹으며 놀다 가는 집이다. 새들이 살림집에 둥지를 틀고 일 년 내내 사는 것이 아니란 점을 알아 두어야 한다. 작은 산새들은 새끼들을 키우기 위해 일 년에 한 달에서 한 달 보름 정도이 살림집을 이용한다.

① **새살림집**

새들은 늦봄부터 초여름에 대부분 산란기를 맞는데, 이때가 일 년 중 가장 바쁘며 중요한 시기이다. 나무나 벽에 걸어놓은 새집에 암수 한 쌍이 드나들며 탐색 작업을 벌인다. 새집이 마음에 들면 부지런히 새집 안에 둥지를 틀기 시작한다. 마른 짚, 이끼, 털이나 작은 천조각 등 부드러운 재료들을 물어다가 새집 안에 바닥부터 차곡차곡 쌓아 자기들 나름의 편안하고 아늑한 둥지를 꾸민다.

어미 새가 새집 구멍을 통해 안에 있는 새끼들에게 먹이를 쉽게 줄 수 있는 높이, 또 새집 구멍으로 새끼들이 떨어지지 않을 높이까지 둥지를 쌓게 된다. 둥지 쌓기가 끝나면 알을 낳고, 알을 품어 새끼를 부화시키고, 이 새끼들에게 부지런히 먹이를 물어다 먹이며 키우기 시작한다. 따라서 새집의 높이가 너무 높거나, 새집의 폭이 너무 넓으면 새들이 둥지를 틀기가 아주 힘들어진다.

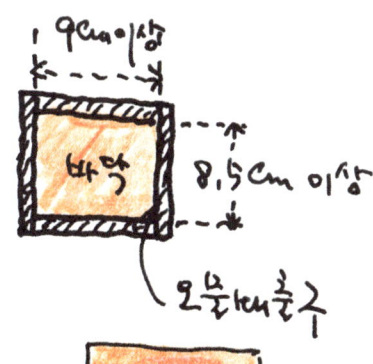
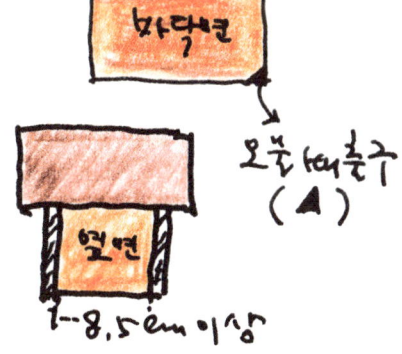

- 새집은 앞면 높이 20cm, 폭 14~15cm를 기준으로 한다. 이 기준은 판재 두께가 1.8cm를 넘지 않을 경우다.
- 새집의 높이가 너무 낮거나 폭이 좁으면, 새집 안에 새들이 둥지를 틀기가 불가능하다는 점을 염두에 두어야 한다.
- 새집의 크기에 어떤 정해진 규격이 있는 것은 아니다. 경제성을 고려한 것이라 할 수 있다.
- 새들은 새끼를 3~5마리 정도 키우기 때문에 새집 바닥의 크기는 매우 중요한 사항 중의 하나다. 이때 신경 써야 할 것은 새집을 짓는 판재의 두께가 얼마나 되는가다. 바닥면은 최소한 가로 9cm, 세로 8.5cm 이상은 되어야 한다. 그러니까 새집의 옆면이 폭 8.5cm 이상 되어야 한다.
- 새집 짓는 판재의 두께가―100% 건축용 판재이다―1.8~2cm임을 염두에 두고 작업해야 한다. 판재의 두께가 1.2~1.5cm 정도가 가장 좋으나 그런 판재를 구하기가 쉽지 않다.
- 새살림집에는 바닥면 한구석에 새끼손톱 반 정도의 크기로 오물배출구를 꼭 만들도록 한다. 그리고 바닥면을 붙일 때, 청소를 해야 할 경우를 대비하여 못만 사용하고 접착제는 바르지 않는 것이 좋다.

② 새먹이집

- 새먹이집은 크기에 구애받지 않고 다양한 형태로 지을 수 있다. 새들이 두 방향 이상에서 출입구를 자유롭게 드나들 수 있어야 한다.
- 〈그림1〉과 같이 세 방향에서 새들이 드나드는 것이 가장 일반적이며, 〈그림2〉와 같은 먹이집은, 사람들이 보기에는 못마땅하겠지만, 새들은 가장 즐겨 찾는다.
- 〈그림3〉과 같이 한 방향으로 출입구가 있는 새집에는 새들이 불안감을 느껴 웬만해서는 찾지 않는다.
- 직박구리, 어치, 딱따구리 종류 등 몸집이 큰 새들을 위해서는 먹이집을 크게 지어 주는 것이 좋다.

- 새살림집의 기본형을 참고하면 무난하게 새먹이집을 만들 수 있다.
- 새집은 새들을 위해 지은 집이기는 하지만, 새들의 생태에 맞추어 나무판재로 만든 인공적 조형물이다. 그러니까 새들이 이 새집들을 좋아해서 얼마나 자주 찾아오느냐 여부는 전적으로 새들의 자유의사에 달려 있다.

새집의 지붕

새집에서 지붕은 집 전체를 바로 잡아주고 눈이나 비를 막아주며 햇빛은 차단해준다. 따라서 새집의 수명과 밀접한 관계가 있다. 지붕의 기울기(경사도)를 얼마로 하느냐에 따라 안정감은 물론, 새집의 멋을 좌우하기도 한다.

① 일반적인 지붕의 경사도

지붕의 기울기는 45°나 30°를 기본으로 한다. 일반적인 새집의 지붕기울기는 45°로 하는데, 거기에는 몇 가지 이유가 있다.

- 균형감이 있다.
- 지붕 만들기가 쉽다.
- 지붕이 튼튼하다.

② 지붕기울기 30°, 60°, 20°의 경우

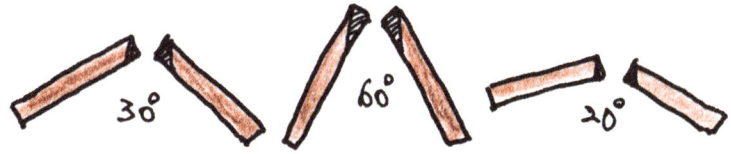

- 경사각이 30°, 60°, 20°일 경우, 두 지붕면이 만나는 부분을 지붕기울기에 맞추어 잘라주어야 하는 번거로움이 있다. 마이터 소(Miter Saw)를 써서 베벨링(경사면 각도 잘라내기)을 하면 원하는 지붕의 경사를 쉽게 얻을 수 있으나, 경사각 45°가 한계이다.

③ 지붕기울기를 처리하는 세 가지 방법

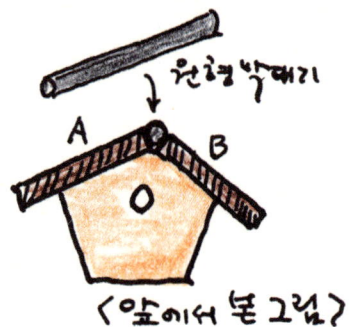

- 마이터 소를 써서 경사면을 잘라내는 경우(65쪽 '② 지붕기울기 30°, 60°, 20°의 경우' 참고)
- 원형막대기를 두 지붕면 사이에 넣어 처리하는 경우

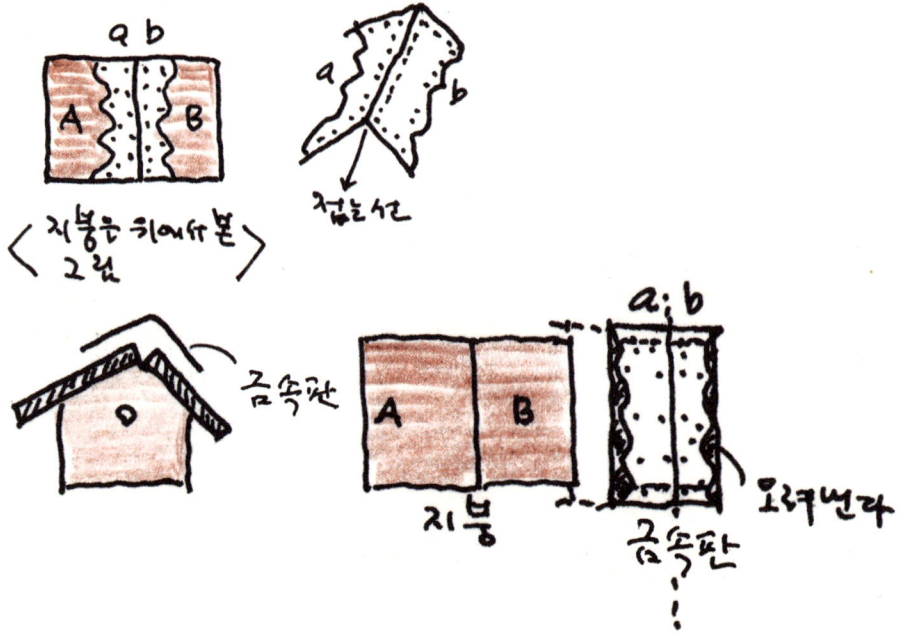

- 동판이나 알루미늄판을 붙여 처리하는 경우: 0.25~0.3mm의 동판이나 금속판을 사용한다. 새집을 완성한 후 그림과 같이 금속판을 자르는데, 지붕 판재 앞·뒤의 두께만큼 세로 길이를 더 길게 자른다. 지붕면에 붙일 작은 못 구멍을 뚫은 후 금속판의 가운데를 접는다. 금속판 안쪽에 접착제를 바른 후 지붕면에 씌워 못을 박는다. 앞면과 뒷면 쪽으로 나온 부분은 가운데를 자른 후 처마선에 맞추어 접어 붙이고, 못을 박아 완성시킨다.

④ 지붕기울기는 몇 도가 적당할까?

- 성당의 첨탑처럼 지붕기울기를 60°로, 또는 우리나라의 초가지붕처럼 15°나 20°로 할 수도 있으나, 지붕기울기가 30°인 새집은 지붕기울기가 45°인 새집보다 한결 부드러운 느낌을 준다.
- 지붕의 기울기를 몇 도로 하느냐는 사용할 나무 판재의 폭에 맞추어 결정하는 것이 좋다. 많이 사용되는 폭 14cm 판재의 경우는 45°나 30°가 무난하다. 폭 18cm나 24cm와 같은 넓은 판재를 새집 앞·뒷면으로 사용하는 경우, 지붕기울기를 30°미만으로 하면 새집이 안정감이 없고, 보기에도 좋지 않다.

⑤ 지붕 처마의 길이는?

- 처마가 너무 길거나 너무 짧지 않도록 한다. 새집의 크기에 맞추어 말 그대로 적당한 길이로 해야 한다. 남자 양복(정장)의 소매가 너무 길거나 짧으면 어떤 모습일지 상상해보면 된다.

⑥ 지붕은 앞쪽이나 뒤쪽으로 얼마나 나와야 할까?

- 새살림집의 경우, 앞쪽에 출입구(구멍)가 있으므로 지붕이 앞쪽으로 너무 짧게 나오면 출입구로 비나 눈이 들어갈 우려가 있다. 또 앞쪽으로 너무 길게 나오면 모양이 우습고 안정감도 없다.
- 따라서 지붕은 뒤쪽보다는 앞쪽으로 조금 길게 1.5~3cm 정도 나오는 것이 좋다. 새집의 크기에 따라서 지붕이 앞쪽으로 어느 정도 나와야 하는지가 결정된다. 결국은 조화와 균형의 문제다.

새집 출입구의 크기

① **새살림집의 출입구**

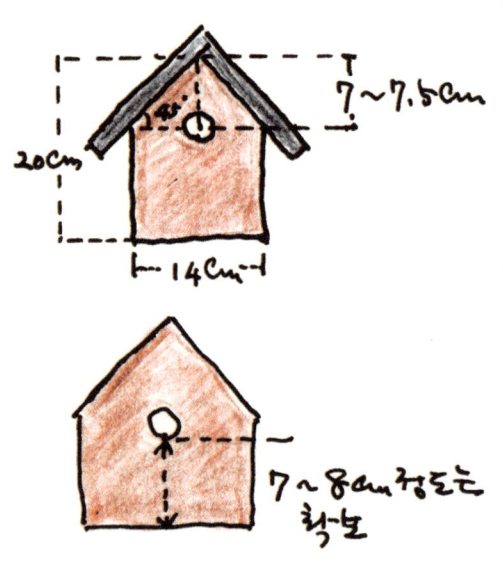

- 폭 14cm, 높이 20cm, 지붕기울기 45°인 기본형 새살림집의 경우, 앞면 꼭짓점에서 그림과 같이 수직으로 7~7.5cm 되는 지점에 지름 3cm(반지름 1.5cm)의 원을 그리고 구멍(출입구)을 낸다.

- 새살림집의 출입구(구멍)는 왜 지름 3cm로 뚫어주는가? 우리가 만드는 새집은 박새나 곤줄박이 등 흔히 볼 수 있는 작은 새들을 위한 집으로, 정해진 규격이 있는 것이 아니라 경험과 관찰의 결과이다. 만약 먹이집처럼 구멍이 6~7cm나 되면 너무 넓어 새들이 안전에 위협을 느껴 살림집에 둥지를 잘 틀지 않는다.

- 살림집이 알을 낳아 새끼를 번식시키는 집이라는 점을 감안하면 새들이 출입구의 크기에 얼마나 민감한지 알 수 있을 것이다. 우리가 살고 있는 아파트나 단독주택의 출입문이 어마어마하게 크고 넓다면 어떨까?

- 그림에서처럼 반드시 꼭짓점에서 7~7.5cm 지점에만 구멍을 뚫어야 하는 것은 아니다. 어미 새가 새집을 드나들 때 어미 새의 날개가 지붕 안쪽에 걸리지 않게 자유로워야 한다는 게 기준이 된다. 또한 새집의 크기, 폭 등을 감안해서 출입구의 위치를 정하는데 새집 바닥에서 구멍까지 7~8cm 정도의 거리를 확보하는 것이 좋다.

- 새집 바닥에서 새집 구멍까지의 높이가 너무 길면(너무 깊으면) 새들이 둥지를 틀 때 쓸데없는 고생을 하게 된다. 또 괜히 아까운 판재를 낭비하는 셈이다.

② 새먹이집의 출입구

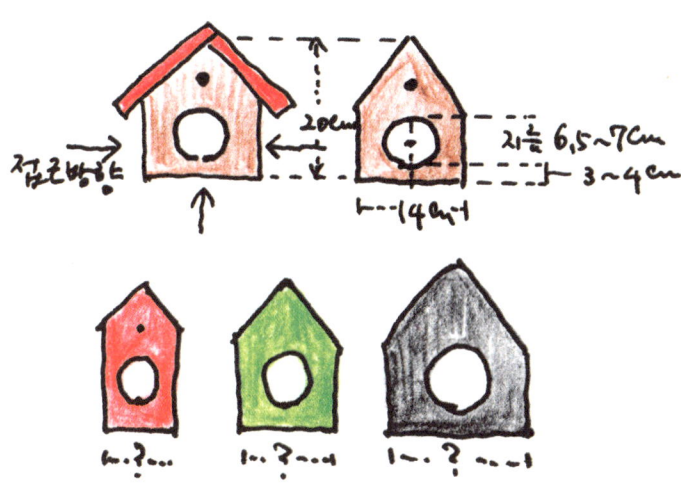

- 새먹이집에서 가장 중요한 것은 새가 두 개 이상의 방향에서 자유롭게 출입할 수 있게 출입구를 만들어주어야 한다는 것이다.
- 폭 14cm, 높이 20cm의 기본형 먹이집에서는 앞면 바닥선 중간지점에서 위로 3~4cm 지점에서 구멍이 시작되도록, 지름 6.5~7cm의 원을 그려 잘라낸다.

- 새집 앞면 판재의 폭이 8cm이거나 18cm, 24cm일 경우에는 여기에 맞추어 출입구의 크기를 조절해야 한다. 균형과 조화를 염두에 두고 크기를 결정한다.

③ 출입구(구멍)를 만드는 도구들

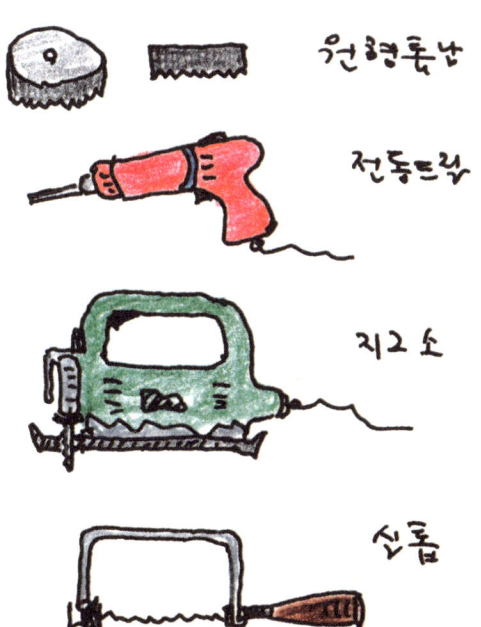

- 전동드릴에 끼어서 쓰는, 지름 3~6cm까지 다양한 원형톱날을 사용한다.
- 지그 소를 사용한다.
- 실톱을 사용한다.
- 지그 소나 실톱을 사용할 경우에는 새집 앞면 또는 옆면에 출입구를 그린 후, 그린 원의 한 지점에 5~6mm의 전동비트로 구멍을 뚫은 후 톱날을 끼워 잘라낸다.

새집 조립 전 반드시 해야 할 것

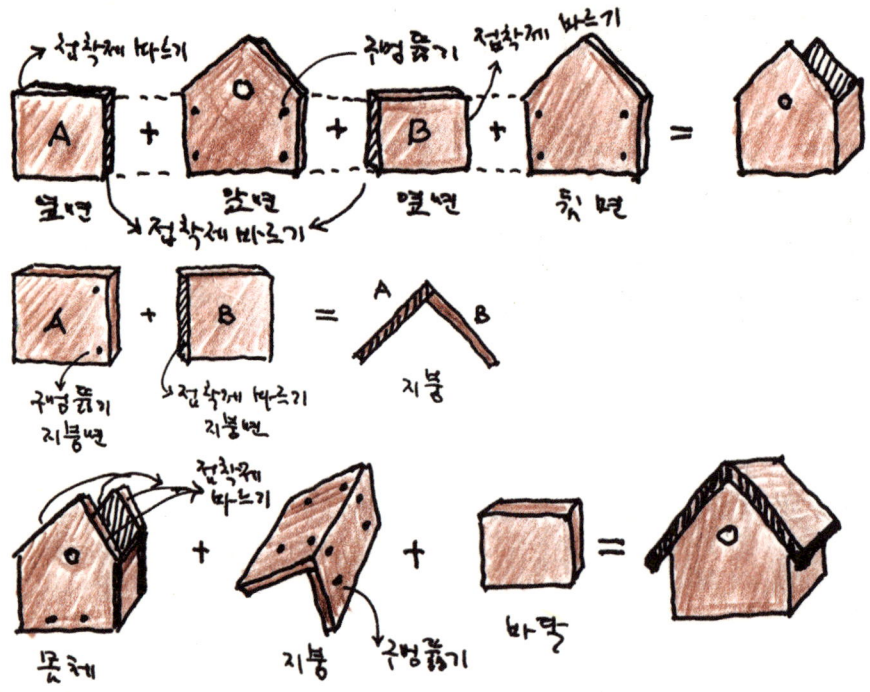

- 새집 만들기는 7조각(박스형 새집의 경우는 6조각)의 판재를 재단하여 몸체 조립, 지붕 만들어 붙이기, 바닥 붙이기 3단계를 거쳐 완성한다.
- 각 단계별로 못 박을 자리를 정한 후 반드시 드릴비트(1.0~2.2mm 지름)로 먼저 구멍을 뚫어야 한다. 판재에 구멍을 뚫지 않고 직접 못이나 나사못을 박으면 박는 도중이나 일정 시간이 지나 판재에 금이 가거나 깨지기 쉽다.
- 구멍을 뚫은 후에는 각 단계별로 판재가 맞닿는 부분에 반드시 접착제 — 물에 강한 불수용성 접착제 — 를 바르고, 서로 맞추어 붙이고 나서 못을 박는다. 접착제를 바른 것과 안 바른 것의 차이는 그 강도가 엄청나다. 꼭 접착제를 발라야 한다. 새집을 지을 때 못을 박지만, 이 못 박기는 단지 접착제를 단단히 붙이기 위해서 박는 것이라 해도 지나친 표현이 아니다.
- 마지막으로 새먹이집과 달리 새살림집의 경우에는 바닥면에 접착제를 바르지 않아도 된다. 청소할 필요가 있을 경우에 바닥면을 떼어내어야 하기 때문이다.

못 혹은 나사못 박기

새집을 지을 때는 당연히 못이나 나사못을 쓰게 된다. 못을 쓰는 경우에는 판재에다 구멍을 뚫고 망치로 박으면 되니까 판재가 깨질 염려가 없어 작업이 쉽고 편하다. 나사못을 사용하는 경우에는 전동드릴이나 코드리스드릴(충전용)을 써서 나사못을 박는데, 아무래도 못을 박을 때보다는 약간의 기술이 필요하고 또 번거롭다는 단점이 있다. 그러나 나사못을 박으면 못 박기보다는 힘이 덜 들고 훨씬 강도가 있다는 장점이 돋보인다.

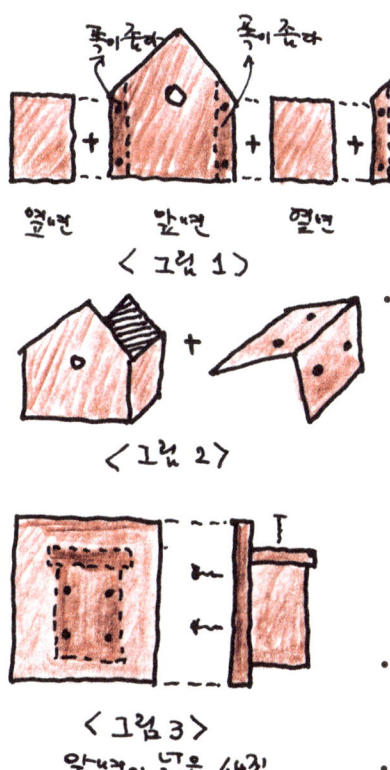

- 두께 1.8cm 이하를 써서 〈그림1〉과 같이 앞면과 뒷면에 옆면을 붙여 박은 경우, 못을 사용할 때는 별 문제가 없다. 그냥 뚫어 놓은 각각의 구멍에 못을 망치로 박으면 된다.
- 나사못의 경우에도 미리 뚫어 놓은 구멍에 나사못을 끼우고 전동드릴로 박는 것은 못을 박을 때나 마찬가지다. 그러나 전동드릴이 조금 세게 돌아 나사못이 판재 표면보다 약간 깊이 박히는 경우에는 판재가 깨지는 불상사가 일어난다. 전동드라이버의 사용이 익숙해지면(감이 잡히면) 나사못을 쓰는 것도 무방하다. 나 역시 수십 개의 판재를 이런 불상사로 깨어먹은 경험이 있다.
- 나사못을 박을 위치가 〈그림1〉과 같이 폭이 좁은 경우, 나사못 사용은 피한다.
- 〈그림2〉와 같이 일반적인 새집의 지붕이나 또는 〈그림3〉과 같이 앞판이 넓은 새집에는 나사못을 사용하는 것이 좋다. 못을 박는 것보다 훨씬 단단하게 붙들어주기 때문이다. 따라서 못을 주로 사용하되, 나사못은 선별적으로 쓰는 것이 합리적인 방법이다.

겨울철 먹이 주기와
새먹이집에 먹이꽂이 달아주기

⌂ 산새들은 다양한 먹이를 먹고 산다. 봄부터 늦가을까지 박새는 주로 곤충이나 유충을 잡아먹어 해충을 없애주는 대표적인 텃새라고 할 수 있다.

곤줄박이는 딱정벌레, 매미, 거미 등을 즐겨 먹고, 동고비는 식물의 종자, 작은 나무 열매, 곤충을, 어치는 참나무 열매를 즐겨 먹는다. 쇠딱따구리, 오색딱따구리 등 딱따구리 종류는 곤충, 곤충의 유충, 식물의 종자나 열매 등을 먹는다. 따라서 산새들에게 봄철부터 늦가을까지는 따로 먹이를 주지 않아도 된다.

숲이나 덤불이 부족한 도시 변두리 지역이나 대단지 아파트에서는 얘기가 달라진다. 일 년 내내 먹이를 공급해주어야 한다.

⌂ 늦가을이 가까워지면 새들도 인간처럼 월동 준비를 하느라 무척 바빠진다. 어치는 도토리를 한입 가득 물고 나무구멍이나 낙엽 속에 저장하기 바쁘고, 동고비는 나무를 오르내리며 나무껍질이나 움푹 들어간 곳에 먹이를 부지런히 숨긴다. 산새들은 또 수북이 쌓인 낙엽 속에 먹이를 숨기는 일이 잦다.

⌂ 겨울철이 되어 눈이 많이 오기 시작하면서 새들은 어려움에 빠진다. 먹이를 어디에 숨겨 놓았는지 까먹기도 하고, 두텁게 쌓인 눈 때문에 식물의 열매나 종자들을 찾을 수가 없게 된다. 그래서 특히 겨울철에 새먹이집을 달아주고 먹이들을 계속 공급해주어야 새들의 굶주림을 조금이나마 덜어줄 수 있다.

⌂ 어느 해인가 11월 중순부터 다음해 4월 말까지 나는 실험적으로 우리 집에 찾아오는 산새들에게 다양한 먹이를 주어보았다. 산새들이 어떤 먹이를 잘 먹고 또 어떤 먹이를 공급해주는 것이 가장 적절한지 알기 위해서였다. 해바라기 씨, 땅콩 부순 것, 좁쌀, 메조(찰기가 없는 좁쌀), 납작보리, 쌀알, 과자 부스러기, 과일 조각, 과일 껍질, 쇠기름 자른 것 등이었다.

해바라기 씨, 땅콩 부순 것, 잣알은 엄청나게 잘 먹었다. 미처 대기가 힘들 정도였다. 인가가 많지 않은 산골 동네라서 그런지 도시 인근의 새들이 잘 먹는 쌀알, 납작보리, 좁쌀 종류는 잘 먹는 것 같지 않았다. 과자 부스러기는 그런대로 입에 대는 것 같은데, 과일 조각이나 과일 껍질은 거의 손을 대지 않았다. 쇠기름 자른 것은 정말 잘 쪼아 먹었다. 월동용으로 구하기도 쉬우니, 이만한 산새들의 먹이가 또 있을 것 같지 않다.

⌂ 새먹이집을 40여 채나 달아놓은 우리 집에서 해바라기 씨, 땅콩 부순 것, 잣알은 가격이 너무 비싸 경제적으로 많은 비용이 들었다. 해바라기 씨가 가득 찬 커다란 자루 한 개가 열흘을 넘기지 못했으니까 말이다. 먹이 공급의 난이도, 새들의 기호도, 영양가와 경제성을 따져 보니 쇠기름 조각이 산새들의 가장 적절한 월동용 먹이라는 결론을 내렸다.

그 이후 겨울철이면 나는 우리 집을 날아드는 산새들에게 쇠기름 조각을 먹이로 공급한다. 새들이 그렇게 잘 쪼아 먹을 수가 없다. 특히 눈이 내린 다음 날이면 우리 집은 이른 아침부터 찾아온 새들로 법석을 떤다. 어떻게들 알고 찾아오는지 우리는 모른다. 하늘을 빠른 속도로 날아다니며 땅 위나 물속의 먹이를 잡아먹어야 하는 새들에게 가장 중요한 감각기관이 눈 ― 새들의 눈은 사람보다 열 배 이상 좋다 ― 이기 때문인지, 또는 새들끼리 우리가 알지 못하는 먹이 정보를 서로 전달받기 때문인지…….

40여 채의 새먹이집 지붕에 한 뼘 이상 두텁게 눈이 쌓여 있는데, 박새나 곤줄박이, 동고비 등 작은 산새들이 지붕에서 미끄러져 가며 새먹이집에 드나든다. 새들에게는 절박한 생존의 문제이겠지만, 그 모습이 아이러니컬하게도 우리에게는 겨울철의 정말 아름다운 한 폭의 그림으로 비치니, 새들에게 미안한 마음이 들기도 한다.

⌂ 먹이꽂이를 달아주는 이유는 다음과 같다. 새들이 쇠기름을 쪼아 먹을 때, 한 발은 먹이에 또 한 발은 바닥을 딛거나, 또는 두 발을 바닥에 붙이고 부리로 쪼아 먹는다. 해바라기 씨나 땅콩 부스러기와는 달리 쇠기름과 같이 커다란 먹이는 한 번에 꿀꺽 삼키는 것이 아니므로 미리 움직이지 않게 고정되어 있어야 한다. 추운 날씨에는 쇠기름이 꽁꽁 얼지만 새들이 오히려 부리로 쪼면 똑똑 떨어져 나가 쉽게 먹을 수 있다.

① 먹이꽂이 받침대 만들기

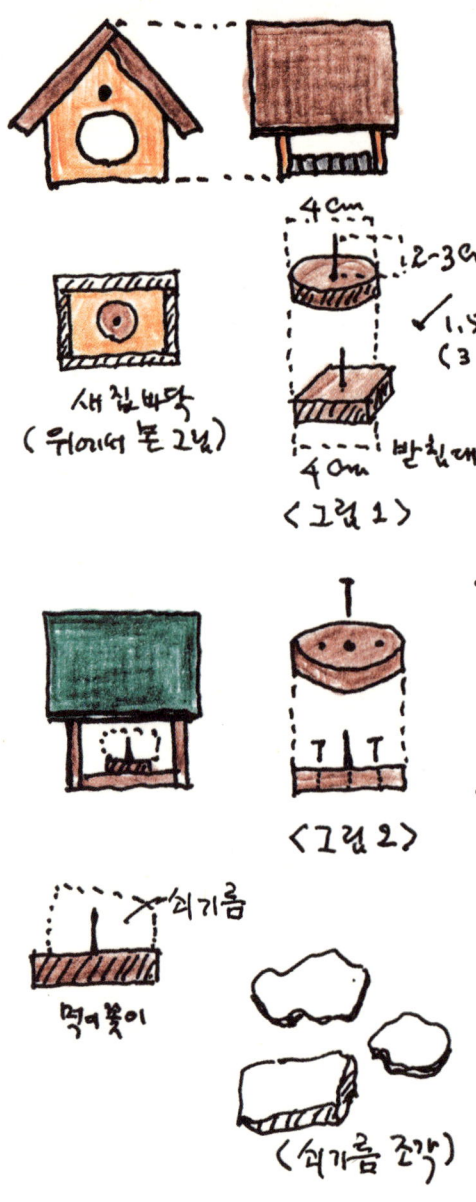

- 〈그림1〉과 같이 가로세로 각각 4~5cm 정도의 크기로 하며 두께는 0.5~0.7cm가 적당하다.
- 〈그림2〉와 같이 먹이꽂이 받침대의 중심에 구멍을 뚫고 못의 뾰족한 부분이 위로 가도록 박는다. 못은 1.5인치(3.8cm)이다. 받침대 모양은 정사각형, 직사각형, 원형 등 원하는 대로 한다.
- 먹이꽂이 받침대를 바닥에 붙일 구멍 2개를 뚫는다. 받침대에 접착제를 바르고 작은 못을 두 곳에 박아 고정시킨다.
- 쇠기름 자른 것을 먹이꽂이에 꽂아준다. 쇠기름은 가로·세로 4~6cm, 두께는 3~4cm로 조각을 낸다. 더 큰 기름 덩어리를 사용해도 무방하다. 하나의 기준일 뿐이다.
- 쇠기름은 쇠고기를 손질한 후 떼어낸 기름인데, 정육점에 미리 부탁하면 모아주기도 한다. 큰 덩어리나 작고 얇은 조각으로 나오는데, 새들이 쪼아 먹는 데 별 문제가 없다. 우리 집의 경우에는 새들이 워낙 많이 찾아와 쇠기름의 소비가 많다. 한 달에 한두 번 마장동 육우시장에 가서 한꺼번에 10~20kg씩 사다가 손질해서 먹이집에 달아준다. 가격은 1kg에 200~400원 정도라 무척 싸다. 가급적 좋은 쇠기름을 구하도록 한다.

② 먹이꽂이 바닥면에 붙이기

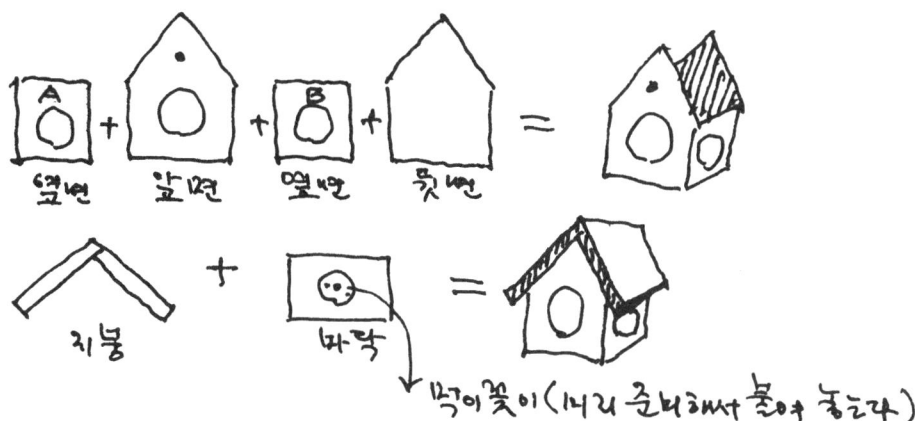

- 쇠기름 조각을 새들에게 먹이로 줄 때는 먹이꽂이를 새집 바닥면에 붙여야 한다. 새집 바닥면은 조립 단계의 마지막이기 때문에 지붕까지 씌우고 바닥면을 붙여놓은 상태(새먹이집이 완성된 단계)에서 먹이꽂이를 붙이려면 힘이 많이 든다. 그러므로 바닥면을 만들 때 먹이꽂이를 준비해서 미리 바닥면에 붙여놓도록 한다.

헌 판재, 나뭇가지와 같은 모양내기 재료들

🏠 나무판재로 새집을 지은 후 이 새집에 횃대를 달아주기도 하고, 또 이 새집을 다양한 형태로 치장해주기도 한다. 새집은 판재조각 여섯 개, 또는 일곱 개의 조각으로 만들기 때문에 어떻게 보면 단순한 형태라고 할 수 있다. 그러나 이 새집에 여러 가지 재료들을 써서 어떻게 모양을 내고 치장을 하느냐에 따라 똑같은 형태의 새집 한 채를 수십 가지의 얼굴을 가진 다양한 모습으로 바꿀 수 있다. 얼마나 재미있는 일인가!

🏠 따라서 평소에 새집 짓기의 기본이 되는 나무판재, 특히 헌 나무판재는 물론, 원형막대기, 이상하게 생긴 나무토막, 나뭇가지나 나무줄기, 두꺼운 나무 뭉치 등을 미리 수집해놓을 필요가 있다. 아무도 거들떠보지 않는 이런 소재들은 우리 주위에 널려 있어 관심만 갖고 있으면 얼마든지 쉽게 모을 수가 있다.

🏠 나는 일 년에 두세 번씩 우리 집 인근 계곡은 물론 멀리 내린천까지 간다. 장마철에 나뭇가지와 나무줄기들은 물에 씻기고 바위에 부딪쳐 나무껍질은 다 벗겨지고 아주 단단해져 있다. 또 햇빛에 바래 흰색을 띠고 있거나 누르스름한 색깔을 띠고 있고, 휘고 구부러져 있어 기묘한 형상을 하고 있다.

⌂ 니는 동네 쓰레기더미를 뒤지며 돌아다니다가 사람들한테 넝마장이로 오해를 받은 적도 여러 번 있었다. 옷까지 허름한 작업복이었다. 또 낯선 계곡을 따라 나무줄기들을 줍다가 주민들의 뜨악한 눈총을 받은 적도 한두 번이 아니다.

⌂ 횃대나 졸대로 쓸 수 있는 나무막대나 원형막대기(지름 0.5cm~3cm)는 미술 재료를 판매하는 곳에서 쉽게 구할 수 있다. 보다 자연스러운 것은 계곡에서 주워온 나무줄기나 가지를 사용하는 것이다. 또 나무판재를 잘라 이용할 수도 있다. 굵은 나무줄기나 가지는 밴드 소(띠톱)를 써서 둘로 쪼개어 쓰는데 그 용도가 무궁무진하다.

새집 달기

⬠ 새집을 달 때, 특히 새살림집은 다음의 원칙을 지켜서 달아주는 것이 좋다.

- 사람의 왕래가 너무 잦은 곳은 피한다.
- 남향으로 설치한다.
- 최소한 1.8m 이상 높은 곳에 설치한다.
- 기둥 위에 설치할 때는 주변의 건물이나 나무로부터 1.8m 이상 간격을 둔다.
- 기둥은 가급적 배관용 쇠파이프를 이용하는 것이 좋다. 목재 기둥은 청설모, 다람쥐, 들고양이나 뱀이 쉽게 오를 수 있다.
- 새집의 정면은 반드시 앞이 트인 곳을 선택한다.

⬠ 새살림집은 새들이 번식기에 알을 낳아 품어 새끼를 키우는 집이다. 따라서 새들이 자신의 안전에 아주 민감하다는 점을 알아야 한다. 새집을 달아놓고 번식기에 새들의 행동을 자세히 관찰해보았다. 박새, 곤줄박이, 찌르레기 등 작은 산새들은 처음부터 무턱대고 살림집에 들어가 둥지를 틀지 않는다. 암수 두 마리가 하루에 몇 번씩 또 며칠간 살림집을 들락거리다가 어느 날 둥지를 틀기 시작한다.

아마도 살림집을 자기들 나름대로 조사하는 것 같은데, 드나들다가 아예 다시는 찾아오지 않는 경우도 있었다. 또 박새나 곤줄박이가 살림집 하나를 놓고 다투는 경우도 볼 수 있었다. 나는 이 작은 산새들이 우체통이나 환풍기 연통 안에 곧잘 둥지를 틀기도 하고, 또 길가 사람의 왕래가 잦은 곳이나 바위를 쌓아놓은 틈 안에 둥지를 틀고 새끼를 네 마리씩이나 키우는 것을 본 적도 있다. 아주 위험한 곳들인데도 태연히 새끼를 기르고 있었다. 그런데 인간이 지어준 이보다 훨씬 안전한 새집을 며칠이고 들락거리며 검사하고 조사한 후 입주 여부를 결정하니 어느 때는 좀 웃기는 놈들이라는 생각도 든다.

⌂ 새먹이집의 경우는 새살림집보다 융통성 있게 설치해도 된다. 우리 집의 경우, 먹이집들을 집 벽에 돌아가며 달아놓고 큰 나뭇가지에도 여러 채 걸어 놓았다. 또 마당 격으로 쓰고 있는 데크 난간 위에도 30여 채 올려놓았다.

벽이나 나뭇가지에 먹이집을 달아 줄 때는 너무 높이 걸지 말고 먹이를 쉽게 줄 수 있는 높이가 좋다. 사람의 왕래가 있다 해도 아주 빈번하지 않는 한, 살림집과는 달리 사람이 새들에게 적의를 보이지 않으면 안심하고 먹이를 먹으러 온다. 먹이집은 최소한 두 개 이상의 방향(출입구)을 내어 새들이 자유롭게 드나들게 해야 한다는 점을 다시 한 번 강조한다.

서툰 목수 연장 타박한다고 목공기계와 도구가 번듯해야
새집이 제대로 근사하게 나오는 것은 아니다.

PART 3

새집 만들기에 필요한 것들

서툰 목수가 연장 탓한다
새집의 주자재는 나무판재다
새집에 필요한 도구
새집에 필요한 기계
그 밖의 것들

서툰 목수가 연장 탓한다

⌂ 강원도 평창군의 오지였던 흥정계곡에 둥지를 틀고 새집을 짓기 시작한 이래 우리의 작은 산골집을 꽤 많은 사람들이 다녀갔다. 평생을 도시에 살았던 오십대 중반을 넘긴 멀쩡한 남자가 어느 날 갑자기 도시 생활을 접고 아내와 함께 산골에 들어와 하고많은 일들 중에서 하필이면 새집 만들기를 업으로 삼아 살고 있다는 게 사람들의 흥미를 자극한 모양이었다.

또 몇몇 이들은 찾아와서 내 작업실과 목공기계들을 보고 싶어 했다. 작업실이 편안하고 널찍하며 목공기계들과 도구들이 질서정연하게 잘 갖추어져 있을 것으로 기대했던 이들은 보일러실 한쪽 귀퉁이에 있는 두 평도 못 되는 무질서하고 먼지투성이의 작업실과 몇 가지 안 되는 목공기계들을 보고는 꽤나 실망하는 모습이었다.

⌂ '서툰 목수가 연장 탓한다'고 목공 기계와 도구가 버젓해야 새집이 제대로 근사하게 나오는 것은 아니다. 프랑스 사람들처럼 무슨 일이고 시작한다 하면 장비들부터 휘황찬란하게 사들이고 하루 이틀 하다가 집어 치우는 식의 잔치는 벌이지 않는 게 좋다.

⌂ 요즈음 세월이 좋아져 일본·미국 제품은 물론이고 중국산 목공기계가 수입되어 목공기계는 흔하다. 오륙 년 전만 해도 내가 지금까지 쓰고 있는 몇 가지 안 되는 목공기계들을 구입하려면 5백~6백만 원 가지고도 부족했는데, 지금은 백만 원 아래로 필요한 기계와 도구들을 다 갖출 수 있다.

돈이 넉넉하다면 비싸고 좋은 기계와 도구들을 얼마든지 살 수 있겠지만, 그렇다고 이것들이 좋은 새집을 지어주는 것은 아니다. '강남에 있는 아파트에 살아야 좋은 대학에 간다'는 말은 새집 짓기에 관한 한 통하지 않는 얘기다. 그러니 작업에 꼭 필요한 것들부터 — 물론 전문가와 상의하고 — 하나둘 구입한다. 천릿길도 한 걸음부터 시작한다. 새집 작업은 우선, 가지고 있는 연장을 가지고 시작하고 보는 것이 가장 중요하다는 점을 강조한다.

새집의 주자재는 나무판재다

판재 주께는 1.8~2.0cm

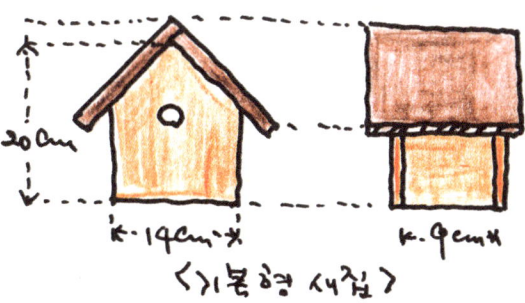

〈기본형 새집〉

🏠 우리나라는 국내에서 사용하는 목재의 90% 이상을 수입에 의존한다. 또 이 수입목재는 대부분 건축용이기 때문에 새집에 적합한 판재를 선택할 여지는 거의 없다고 봐야 한다.

🏠 수입목재의 대부분은 미송이나 스프루스 종류이다. 나왕 같은 딱딱한 판재가 아니고, 또 어느 정도 물에 강한 면이 있어 이것들로 새집을 지을 수밖에 없다.

🏠 새집을 짓기 좋은 판재의 규격이 다양하게 있는 것도 아니다. 폭 14cm, 18cm, 24cm, 두께 1.8~2.0cm, 길이 약 3.6m(12자)의 판재를 구하기가 쉽기 때문에 이 세 종류를 주로 사용한다. 이 세 종류의 나무판재 역시 폭이나 두께는 회사 제품마다 조금씩 차이가 있으나—늘지는 않고 준다—문제될 것은 없다.

🏠 새집은 폭 14cm의 나무판재를 가장 많이 사용한다.

⌂ 새집 짓기의 묘미는 헌 판재를 수집하여 이를 잘 활용하는 것이다. 헌 나무판재는 뒤틀리거나 휘어 있는 것이 대부분이라 작업하기에는 무척 힘이 드나, 만들어놓은 새집을 보면 큰 보람을 느끼게 된다. 가급적 재활용이 가능한 헌 나무판재를 많이 써서 새집 만들기를 권한다.

⌂ 나무판재의 규격이 일정하지 않다는 것이 오히려 내게는 무한한 상상력을 불러 일으켜 다양한 새집을 만들게 되었다. 새 나무판재이건 재활용 판재이건 판재 몇 조각을 재단하여 생명력을 불어주는 작업이 바로 새집 짓기다. 주어진 판재 재료에 맞추어 자유롭게 생각하여 작업하면 된다.

⌂ 나무판재의 두께는 새집의 모습에 큰 영향을 끼친다. 경험상 1.0~1.5cm의 나무판재 두께가 가장 이상적인 것으로 생각되지만, 그런 두께의 판재는 정말 구하기가 어렵고 또 가격이 비싸다.

⌂ 새집의 재료는 나무판재 이외에도 합판이나 파티클보드, MDF판 등이 있다. 미국이나 유럽에서는 공예용으로 쓸 수 있는 물에 강한 합판이 여러 종류가 나와 있어 새집 만들기에 많이 이용되고 있다. 우리나라의 합판은 모두가 건축용 합판이기 때문에 새집 만들기에는 적절한 재료가 되지 못한다. 또한 파티클보드, MDF 역시 물에 약하고, 합판과 마찬가지로 못을 박거나 나사못을 쓰는 경우에 쉽게 빠져 새집이 망가지는 경우가 흔하다.
　새집은 나무판재로 지어야 한다. 나무판재는 우리에게 가장 친근한 친환경적인 자재이다.

⌂ 결론은 이렇다. 새집 짓는 사람에게 목재의 규격은 큰 의미가 없다. 기본형 새집의 판재로 삼는 폭 14cm 판재는 구하기 쉽기 때문에 기본으로 삼을 뿐이다. 폭 14~16cm 판재가 기본이 된다는 점을 알고 작업에 임하면 큰 무리가 없다. 새집 짓기에는 정말 왕도가 없다.

새집에 필요한 도구

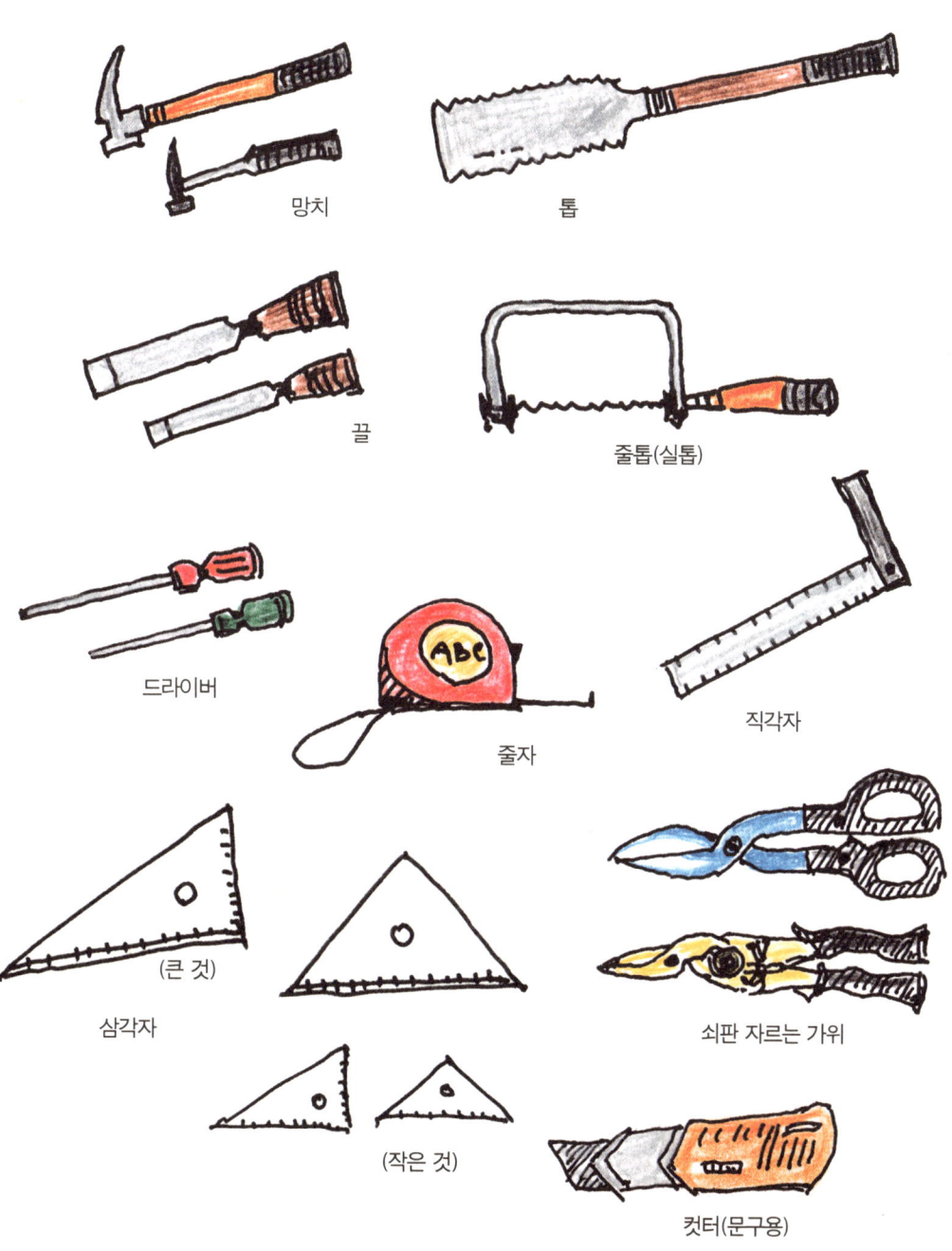

새집 만들기에 필요한 것들

새집에 필요한 기계

① 전동드릴

- 비트를 끼고 구멍을 뚫거나 나사못을 박는 데 사용한다.
- 일반 전기를 쓰는 드릴인데 코드리스드릴보다 힘이 세서 이것을 주로 사용한다.

② 코드리스드릴

- 코드가 없는 충전식이기 때문에 이동이 간편하며 사용하기가 쉽다.
- 배터리 파워가 15볼트는 되어야 작업이 원활해진다.

③ 오비탈 샌더(Obital Sander)

- 나무판재의 표면을 다듬는 수평 연마기이다. 쓰기가 쉽고 안전하며 웬만한 판재의 면은 매끈하게 다듬어준다.

④ 지그 소(Zig Saw)

- 새집 출입구 구멍을 뚫거나 나무판재에서 여러 가지 모양을 그려 잘라낼 때 쓰는 흥미로운 기계다.

⑤ 전동연마기

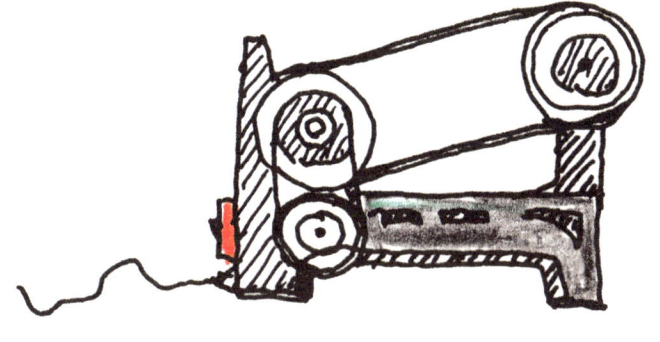

- 판재를 다듬는 데 오비탈 샌더로는 부족한 경우에 사용한다. 옆모서리를 둥글게 밀거나 판재를 조금 얇게 깎아낼 때, 나무줄기나 나뭇가지의 뒷면을 평평하게 할 때 아주 효과적이다.
- 내가 쓰는 이 전동연마기는 10여 년이 지난 골동품 연마기라 요즘은 구경하기도 힘들다. 저렴한 가격에 크지 않은 작은 연마기들이 시장에 많이 나와 있다.

⑥ 밴드 소(Band Saw)

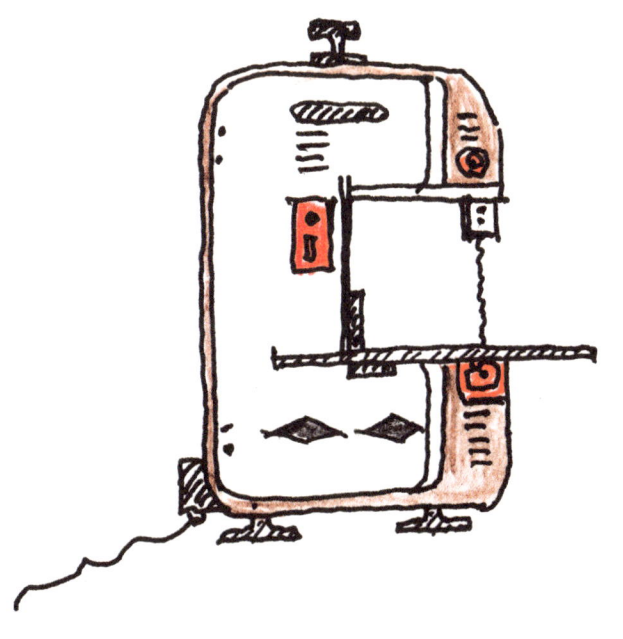

- 일명 '전동띠줄톱'이라고도 하는데 쓰임새가 많은 기계다.
- 나무판재를 가로나 세로로 자르거나 어떤 특정한 모양을 오려낼 때, 나뭇가지나 나무줄기를 두 쪽으로 자르는 데 많이 사용된다.
- 밴드 소를 능숙하게 다루게 되면 사용하기 위험한 마이터 소 대용품으로 쓰면 좋다. 미국에서 아마추어 목수들은 마이터 소 대신 이 밴드 소를 주로 사용하는데, 가장 안전한 기계인데도 손가락 부상 사고가 가장 많이 생기는 기계라는 점을 명심해야 한다.

⑦ 마이터 소(Miter Saw)

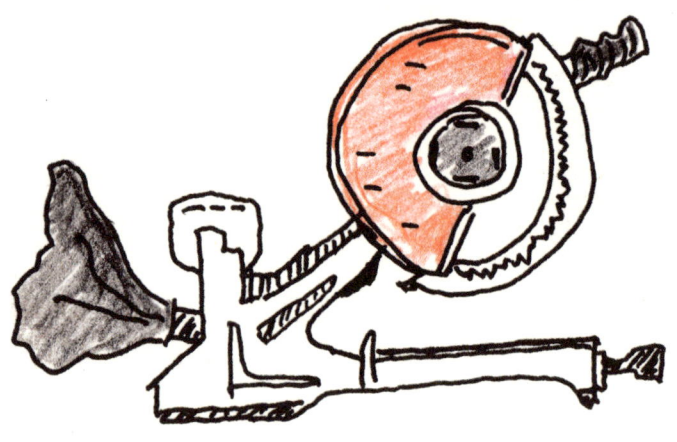

- 나무판재를 자르는 데 가장 빠르고 효율적인 기계이다. 목공일이 전문인 직업 목수들도 가장 많이 부상을 당한다는 위험한 기계다.
- 마이터 소를 자기 마음먹은 대로 안전하고 능숙하게 다룬다면 목공일의 절반은 넘어섰다고 보면 된다.
- 항상 방심하지 말고 긴장하고 조심스럽게 다루어야 한다.

⑧ 선반

- 새집을 짓는 일반인에게는 그리 필요하지 않은 기계인데 쓰임새는 다양하다.
- 내가 이 기계를 쓰는 것은 새집을 워낙 많이 짓기 때문이다. 일일이 새살림집의 출입구 구멍을 도구를 써서 뚫는 것이 귀찮고 시간이 걸려서 지름 3cm의 초경을 주문제작해서 선반에 끼워 사용한다. 작업을 빠르게 할 수 있으나 위험성도 같이 한다.

그 밖의 것들

새집 짓기에서 많이 쓰는 것만 간단히 설명한다.

① 못

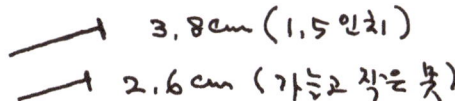

② 나사못

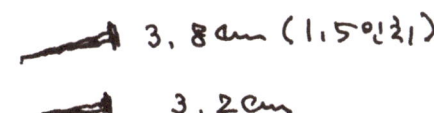

③ 드릴과 비트

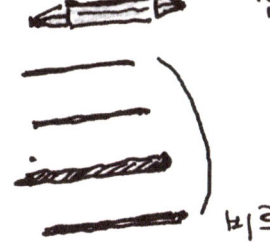

- 지름 1.0mm에서 2.2mm 비트가 가장 많이 쓰인다.
- 지름 5mm나 6mm의 비트도 준비한다.
- 비트는 작업 중 잘 부러지는 소모품이므로 여러 개를 준비한다.

④ 연필과 지우개

⑤ 샌드페이퍼 90방~120방짜리

- 그림과 같이 두꺼운 나무 뭉치에 샌드페이퍼를 감아서 못을 박아 고정시켜 만들어 쓴다.

⑥ 접착제

- 새집의 각 부분 조립 시, 접착제 — 물에 녹지 않는 불수용성으로 — 를 꼭 바르도록 한다.

기본형 새집, 특히 새산련집은 이 책에서 가장
중요한 부분이며, 새집짓기의 처음이자 끝이라고
말 할 수 있다.

구상도 좋고 추상도 좋다. 하나의 캔버스로
생각하고 그리고 싶은 그림을 그린다.

PART 4

새집 만들기

01 기본형 새살림집

02 기본형 새먹이집

03 새살림집 응용하기

04 새먹이집 응용하기

05 새집 모양내기

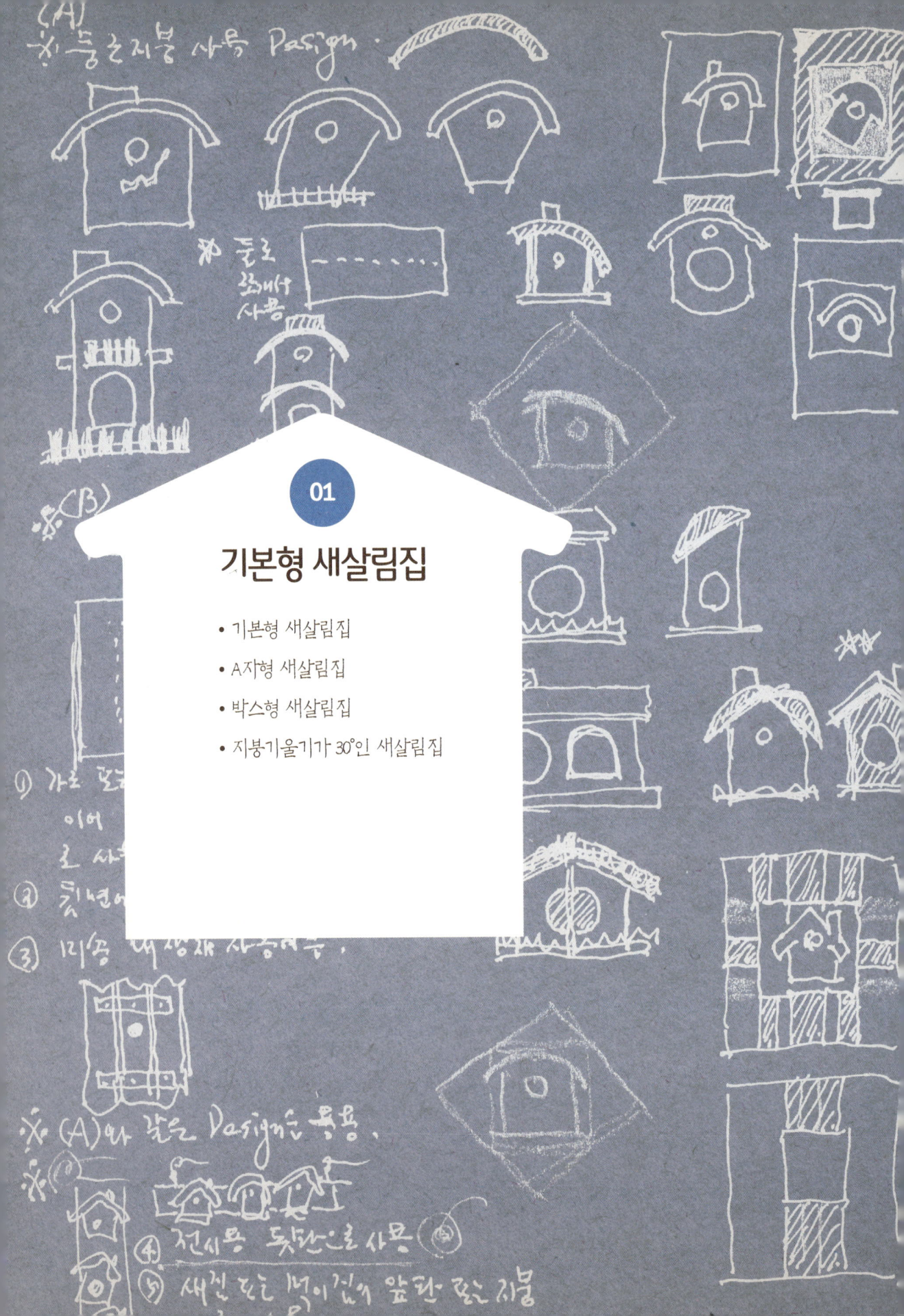

01 기본형 새살림집

- 기본형 새살림집
- A자형 새살림집
- 박스형 새살림집
- 지붕기울기가 30°인 새살림집

기본형 새살림집

기본형 새집, 특히 기본형 새살림집은 이 책에서 가장 중요한 부분이며, 새집 만들기의 처음이자 끝이라고 말할 수 있다. 모든 새집은 이 기본형 새살림집에서 나오며, 이 기본형을 충분히 익히면 다양한 새집들의 세계가 펼쳐진다.

따라서 지붕기울기 45°, 30°, 그리고 박스형 지붕 세 종류를 가능한 한 많이 만들어보는 것이 새집 만들기의 지름길이다.

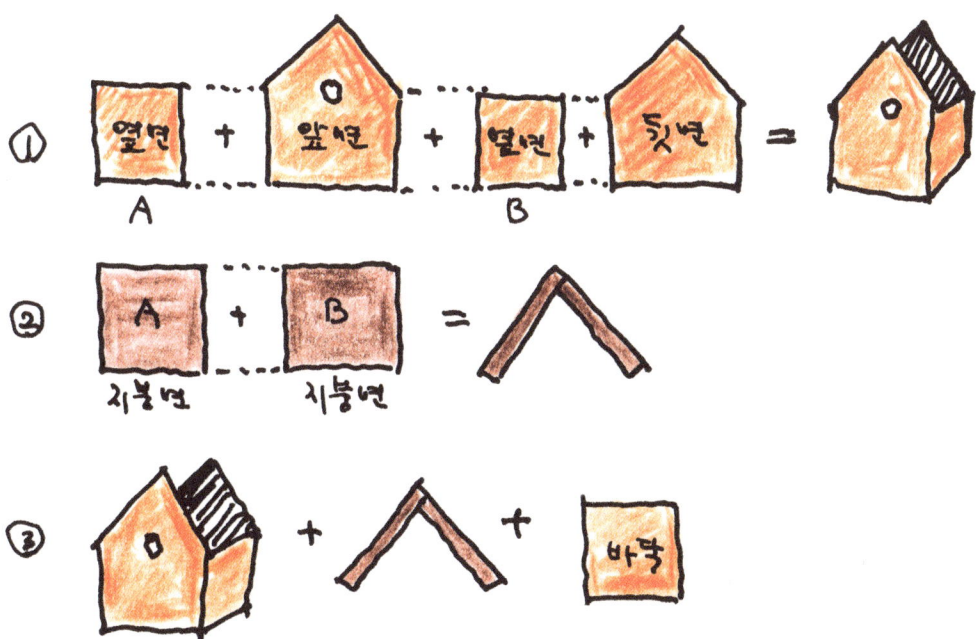

기본형 새살림집은 위 그림과 같이 ① 몸체 만들기 ② 지붕 만들기 ③ 지붕과 바닥 붙이기의 3단계를 거쳐 완성된다. 이 순서를 머릿속에 꼭 집어넣어 둔다.

A자형 새살림집 (지붕기울기 45°)

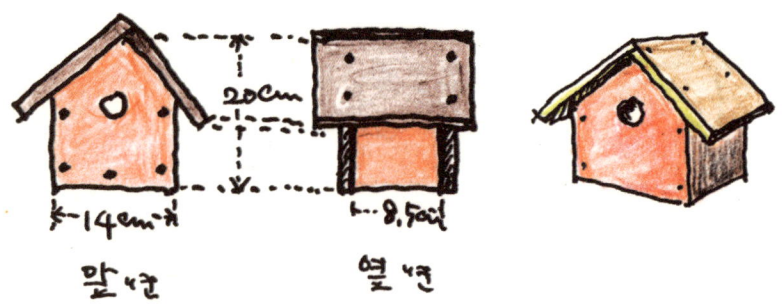

- 폭 14cm의 판재를 사용한다.
- 옆면은 폭 8.5~9cm로 한다.
- 새집 앞면의 높이가 20cm이나 이것보다 길게 22~24cm로 할 수도 있다.

① 앞면과 뒷면 만들기

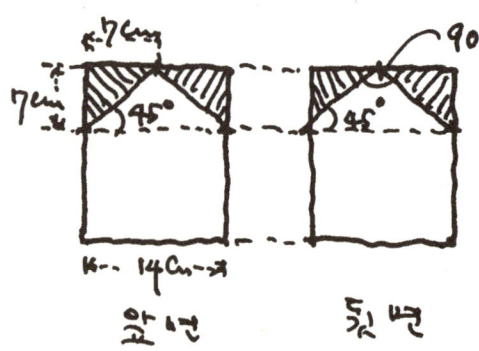

- 폭 14cm, 높이 20cm의 판재 2장을 만든다.
- 지붕기울기 45°이므로 앞면과 뒷면의 가로 중간지점과 세로로 7cm 지점을 표시하고, 이등변삼각형 부분을 각각 잘라낸다.
- 꼭짓점이 있는 안쪽 각도는 90°가 된다.

② 앞면에 새집 출입구 만들기

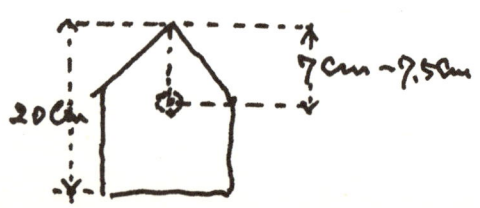

- 꼭짓점에서 수직으로 7cm 또는 7.5cm되는 지점에 지름 3cm(반지름 1.5cm)의 원을 그려 구멍을 뚫는다.
- 새집 앞면의 크기에 따라 약 1cm 정도 더 크게 할 수도 있다.

③ 옆면A·B 만들기

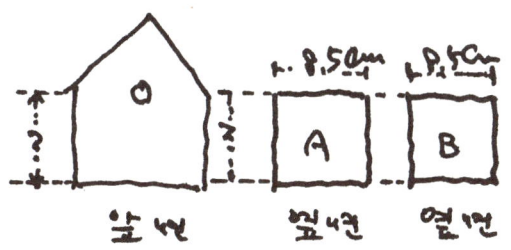

- 앞면 세로 길이 좌우(?)를 자로 잰 다음, 폭 8.5cm의 판재 2장을 만든다.

※ 주의 : 앞면 세로 길이(좌우)를 45°기울기로 잘라 낼 경우에 2~3mm의 오차가 생길 수 있다. 반드시 다시 재어(?) 옆면의 세로 길이를 정하도록 한다.

④ 옆면A·B 조립하기

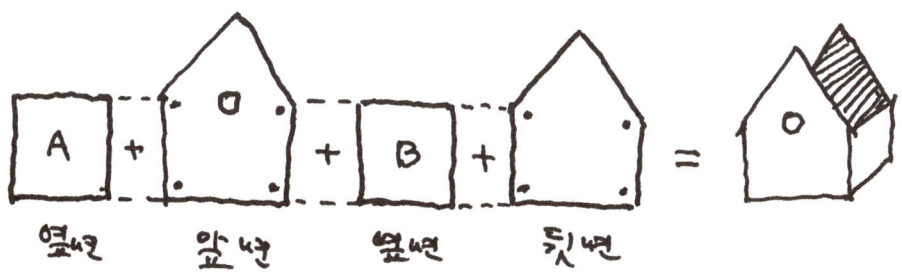

- 앞면과 뒷면에 옆면A와 B를 고정하기 위해 그림과 같이 각각 4개씩 못 박을 구멍을 뚫는다.
- 옆면A에 접착제를 바른 후 앞면에 붙이고 못을 박아 붙인다. 옆면B에 접착제를 바른 후 앞면에 붙이고 못을 박는다.
- 나머지 옆면A와 B에 접착제를 바른 후 뒷면에 맞추어 붙이고 못을 박아 고정시킨다.

⑤ 지붕 만들기와 씌우기

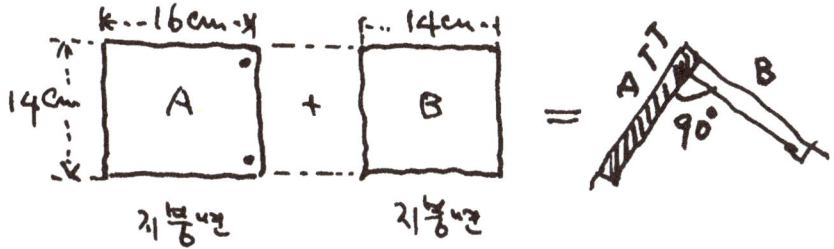

- 지붕면A와 B를 만든다. 지붕면A는 지붕면B보다 지붕면의 판재 두께만큼 더 길게 만든다.
- 지붕면A와 B를 붙이기 위해 지붕면A에 구멍을 2개 뚫는다.
- 지붕면B에 접착제를 바른 후 지붕면A에 맞추어 붙이고 못을 박는다.

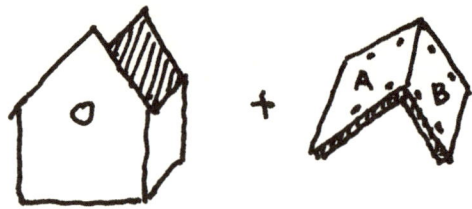

- 몸체에 붙이기 위해 지붕면A와 B에 각각 4개씩 구멍을 뚫는다.
- 앞면과 뒷면 처마선에 접착제를 바른 후 지붕은 앞면 쪽으로 조금 더 나오도록 해서 못을 박아 고정시킨다.

⑥ 바닥 붙이기

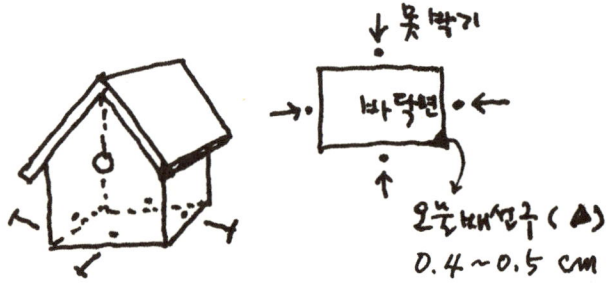

- 바닥면을 재서 판재를 자른 후 바닥면 한구석을 0.4cm 정도로 잘라내어 오물배출구를 만든다.
- 앞면과 뒷면, 옆면A와 B 아래쪽에 각각 1개씩 바닥면을 고정할 구멍을 뚫는다. 바닥면을 밀어 넣은 후 못을 박아 고정시킨다.

박스형 새살림집

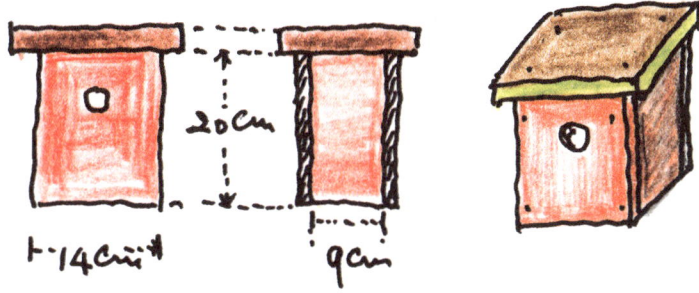

- 박스형(직사각형) 새집의 기본형이다.
- 앞면이 넓은 박스형 새집을 만들 때도 꼭 들어가는 형태이므로, 기본구조를 잘 익혀두자.
- 폭 14cm, 9cm 판재를 사용한다.

① 앞면과 뒷면, 그리고 앞면에 출입구 만들기

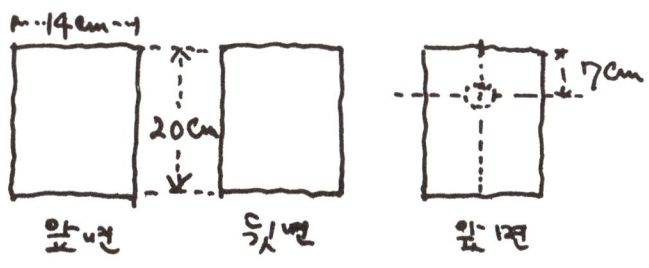

- 폭 14cm, 길이 20cm의 판재 2장을 만든다.
- 앞면 가로 중간지점에서 아래로 수직으로 7cm(또는 7.5cm)되는 지점에 지름 3cm(반지름 1.5cm)의 원을 그려 구멍을 뚫는다.

② 옆면A · B 만들기와 조립하기

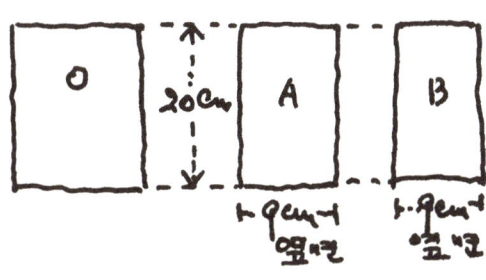

- 가로 9cm, 세로 20cm의 판재 2장을 만든다.

새집 만들기 | 기본형 새살림집　97

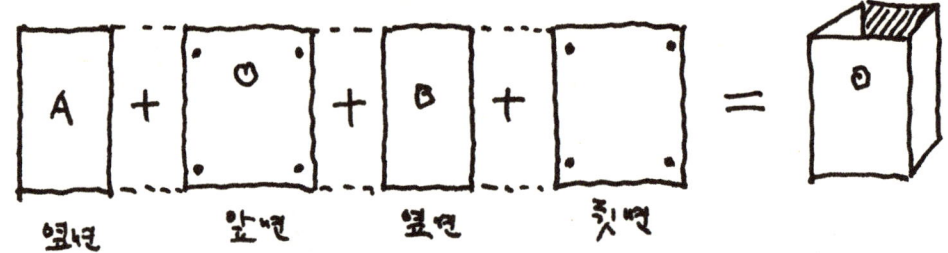

- 옆면을 고정하기 위해 앞면과 뒷면에 그림과 같이 각각 4개씩 못 박을 구멍을 뚫는다.
- 옆면A와 B에 접착제를 바른 후 앞면에 맞추어 붙이고 못을 박는다.
- 나머지 옆면A와 B에 접착제를 바른 후 뒷면에 맞추어 붙이고 못을 박는다.

③ 지붕 만들기와 씌우기

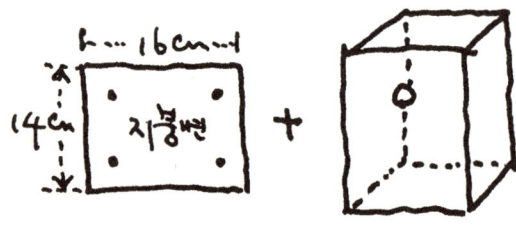

- 폭 14cm, 길이 16cm의 지붕판재 1장을 만든다.
- 몸체에 맞추어 지붕을 씌울 곳에 못 박을 구멍을 4개 뚫는다.
- 몸체에 접착제를 바른 후 지붕을 씌우고 못을 박아 고정시킨다.

④ 바닥 붙이기

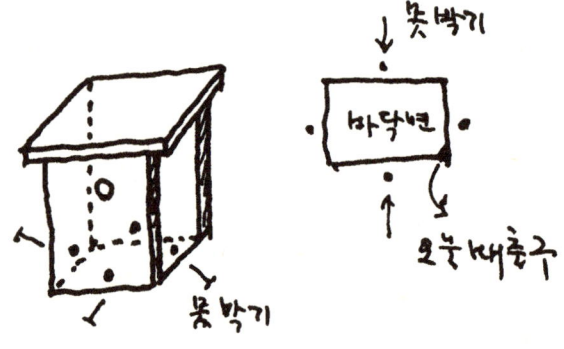

- 바닥면을 재서 바닥판재를 자른 후 바닥면 한끝을 0.4cm 잘라내어 오물배출구를 만든다.
- 앞면과 뒷면, 옆면A와 B에 각각 1개씩 바닥면을 붙일 구멍을 뚫는다.
- 바닥면을 밀어넣은 후 못을 박아 고정시켜 완성한다.

지붕기울기가 30°인 새살림집

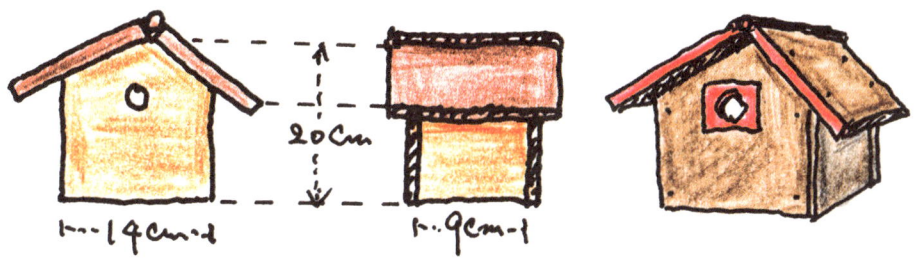

- 폭 14cm의 판재를 사용한다.
- 옆면의 폭은 9cm로 한다.
- 지붕기울기가 30°이므로, 여기에서부터 여러 형태의 새집 디자인을 끌어낼 수 있는 기본형이 되는 새살림집이다.

① 앞면과 뒷면 만들기

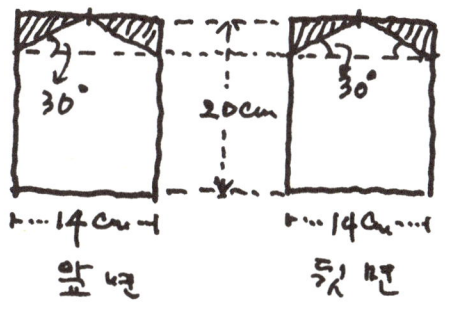

- 폭 14cm, 길이 20cm의 판재 2장을 만든다.
- 지붕기울기 30°로 하고 삼각형 부분을 잘라낸다.

② 앞면에 출입구 만들기

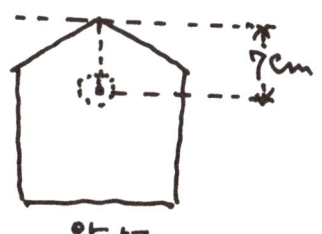

- 꼭짓점에서 밑으로 7cm 또는 7.5cm 되는 지점에서 지름 3cm (반지름 1.5cm)의 원을 그린 후 구멍을 뚫는다.

③ 옆면A · B 만들기

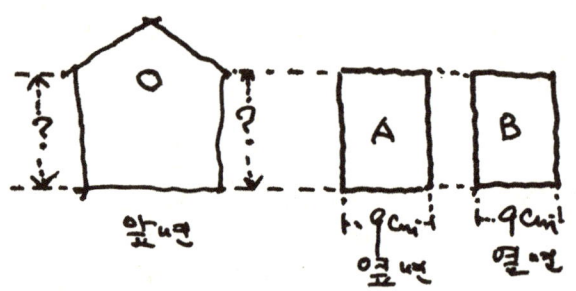

- 앞면 좌우(?)를 자로 잰 다음, 폭 9cm, 길이 ?cm의 판재 2장을 만든다.

④ 옆면A · B 조립하기

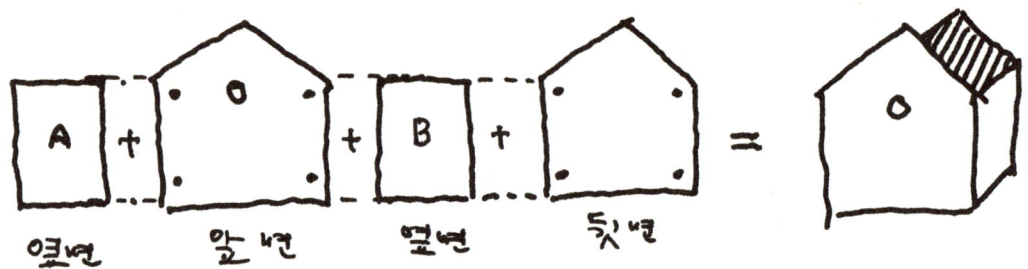

- 옆면을 고정하기 위해 앞면과 뒷면에 그림과 같이 각각 4개씩 못 박을 구멍을 뚫는다.
- 옆면A와 B에 접착제를 바른 후 앞면에 맞추어 붙이고 못을 박는다.
- 나머지 옆면A와 B에 접착제를 바른 후 뒷면에 맞추어 붙이고 못을 박아 고정시킨다.

⑤ 지붕 만들기와 씌우기

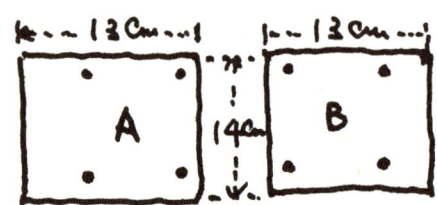

- 폭 14cm, 길이 13cm의 판재 2장을 만든다.
- 몸체에 맞추어 지붕면A와 B에 각각 4개씩 못 박을 구멍을 뚫는다.

- 지붕면A와 B를 붙일 몸체 부분 4곳에 접착제를 바른다.
- 지붕면A를 몸체 꼭짓점에 바짝 붙여 못을 박는다.
- 지붕면B를 몸체 꼭짓점에 바짝 붙여 못을 박아 지붕을 완성한다.

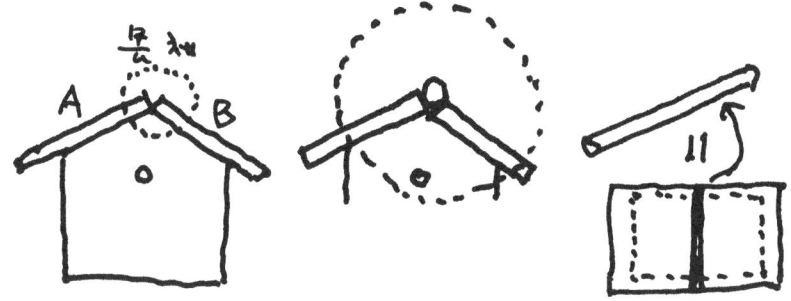

- 지름 1.2~1.5cm 원통형 막대기를 14cm 길이로 자른다.
- 지붕 꼭짓점의 움푹 들어간 곳에 접착제를 바른 후 원통형 막대기를 붙인다.
- 앞면과 뒷면 꼭짓점에 해당하는 부분에 구멍을 각각 뚫고 못을 박아 고정시킨다.

⑥ 바닥 붙이기

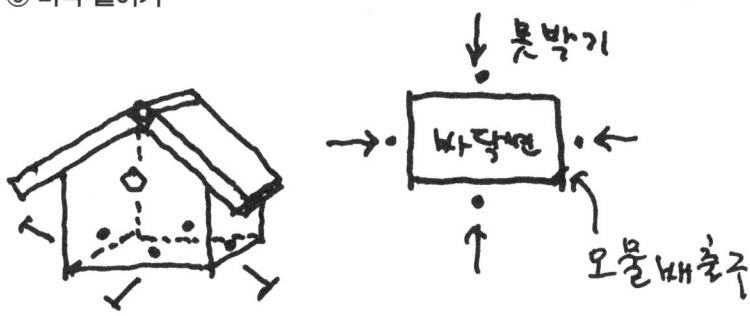

- 새집 바닥을 자로 재서 바닥면을 만든다. 바닥면의 한끝을 잘라 오물배출구를 만든다.
- 앞면과 뒷면, 옆면A와 B에 각각 1개씩 바닥면을 붙일 구멍을 뚫는다.
- 바닥면을 집어넣은 후 못을 박아 완성한다.

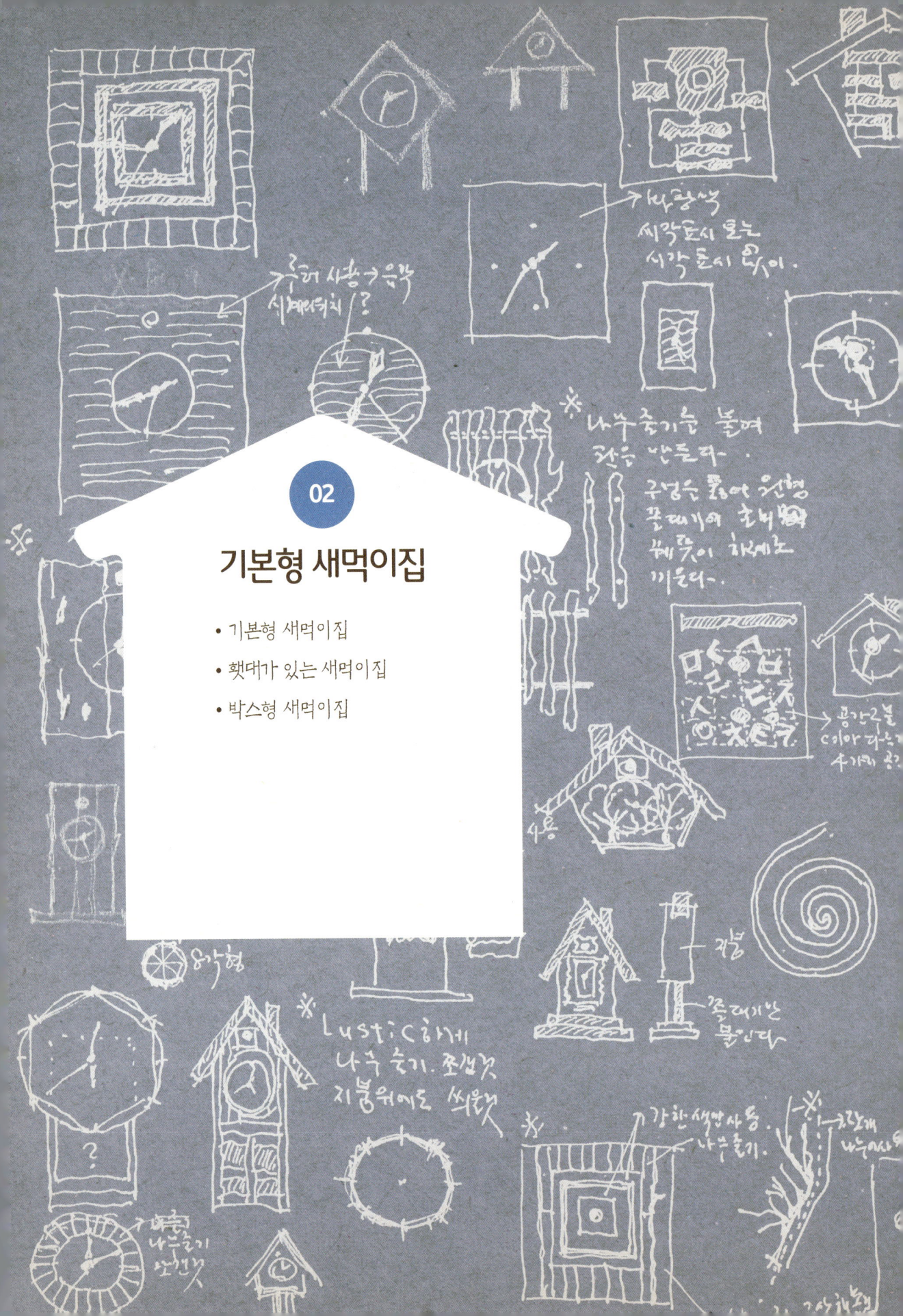

02 기본형 새먹이집

- 기본형 새먹이집
- 횃대가 있는 새먹이집
- 박스형 새먹이집

기본형 새먹이집 (지붕기울기 45°)

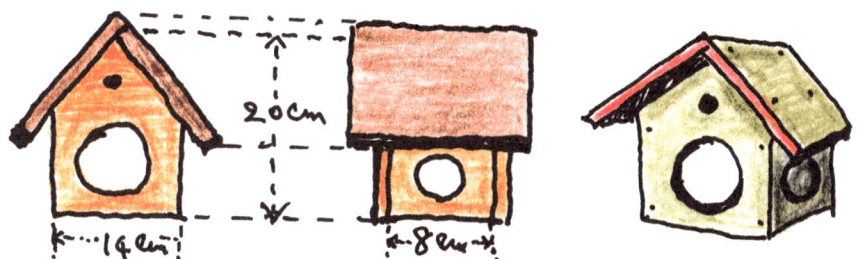

- 폭 14cm와 폭 8cm의 판재를 사용한다.
- 새먹이집의 출입구는 최소한 두 방향 이상에서 새가 자유롭게 드나들 수 있어야 한다.
- 새먹이집의 출입구는 새집의 크기에 따라 달라진다.
- 일반적으로 새먹이집의 출입구는 세 방향으로 나 있다.

① 앞면과 뒷면 만들기

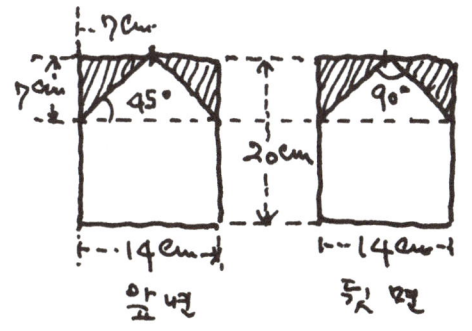

- 폭 14cm, 길이 20cm의 판재 2장을 만든다.
- 앞면과 뒷면의 이등변삼각형 부분을 잘라낸다.

② 옆면A · B 만들기

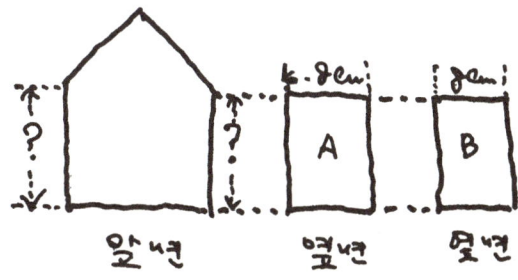

- 앞면 세로 길이 좌우(?)를 자로 잰 다음, 폭 8cm의 판재 2장을 만든다.

새집 만들기 | 기본형 새먹이집

③ 앞면에 출입구 만들기

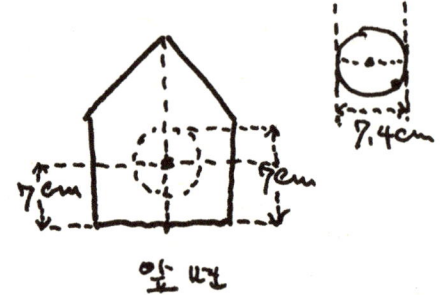

- 앞면 바닥선 중간지점에서 위로 수직으로 7cm 되는 곳에서 반지름 3.7cm(지름 7.4cm)의 원을 그린다.
- 그려놓은 원 상의 한 지점에서 지름 6mm의 비트를 써서 구멍을 뚫는다.
- 실톱이나 지그 소를 사용하여 원을 잘라낸다.

④ 옆면에 출입구 내기

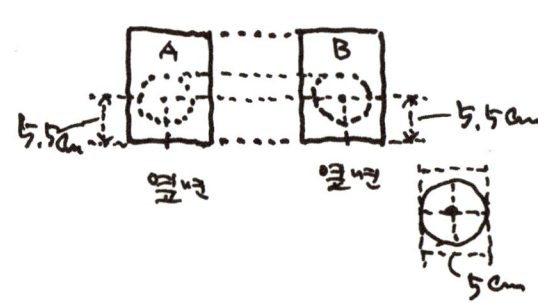

- 옆면A와 B의 바닥선 중간지점에서 수직으로 5.5cm 되는 곳을 중심으로 반지름 2.5cm(지름 5cm)의 원을 그린다.
- 실톱이나 지그 소를 사용하여 원을 잘라낸다.

⑤ 앞·뒷면과 옆면 조립하기

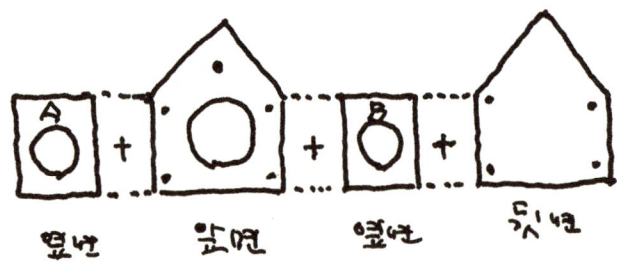

- 옆면을 붙이기 위해 앞면과 뒷면에 각각 4개씩 못 박을 구멍을 뚫는다.
- 옆면A와 B에 접착제를 바른 후 앞면에 맞추어 붙이고 못을 박는다.
- 나머지 옆면A와 B에 접착제를 바른 후 뒷면에 맞추어 붙이고 못을 박아 몸체를 완성한다.

⑥ 지붕 만들기와 씌우기

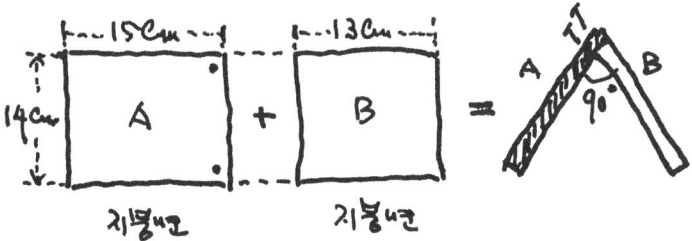

- 지붕면A와 B를 만든다.
- 지붕면A와 B를 붙이기 위해 지붕면A에 못 박을 구멍을 2개 뚫는다.
- 지붕면B에 접착제를 바른 후 지붕면A에 맞추어 붙이고 못을 박는다.

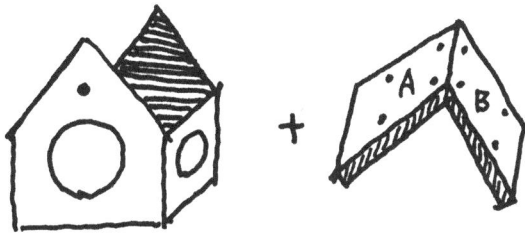

- 몸체에 맞추어 지붕면A와 B에 각각 4개씩 못 박을 구멍을 뚫는다.
- 앞면과 뒷면 처마선에 접착제를 바른 후 못을 박아 고정시킨다.

⑦ 바닥 붙이기

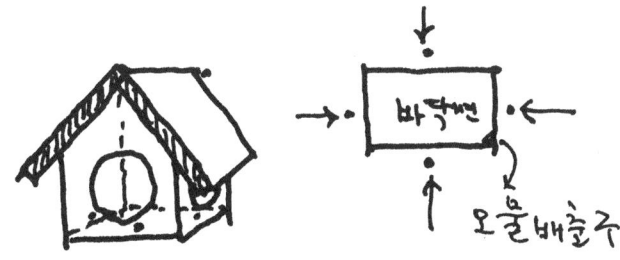

- 바닥을 자로 재서 바닥면을 만든다.
- 바닥면의 한끝을 잘라 오물배출구를 만든다.
- 앞면과 뒷면, 옆면A와 B에 각각 바닥면을 붙일 구멍을 뚫고, 바닥면을 밀어넣은 후 못을 박아 새집을 완성한다.

횃대가 있는 새먹이집 (지붕기울기 45°)

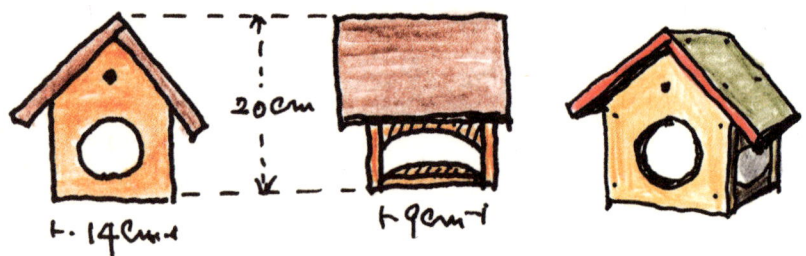

- 폭 14cm, 폭 9cm, 두께 1.8~2cm의 판재를 사용한다.
- 양 옆면에 타원형의 횃대가 있는 새먹이집이다.

① 앞면과 뒷면 만들기

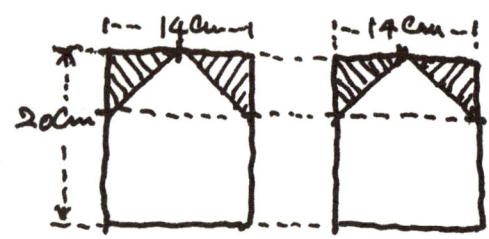

- 폭 14cm, 길이 20cm의 판재 2장을 만든다.
- 지붕기울기 45°이므로 앞면과 뒷면의 이등변삼각형 부분을 잘라낸다.

② 앞면에 출입구 만들기

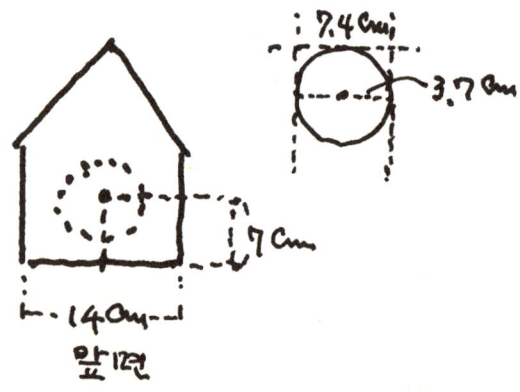

- 앞면 바닥선 중간지점에서 수직으로 7cm 되는 지점에서 반지름 3.7cm(지름 7.4)의 원을 그려 잘라낸다.

③ 옆면과 횃대 만들기

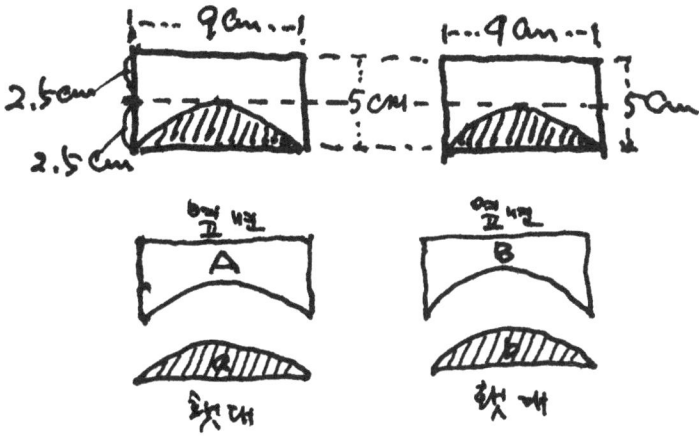

- 폭 5cm, 길이 9cm의 판재 2장을 만든다.
- 세로 중간지점 2.5cm에 수평으로 선을 긋는다.
- 그림과 같이 타원형을 각각 그려(타원형의 가운데 지점이 2.5cm의 선에 맞닿게 그린다) 잘라낸다.

④ 바닥 만들기와 붙이기

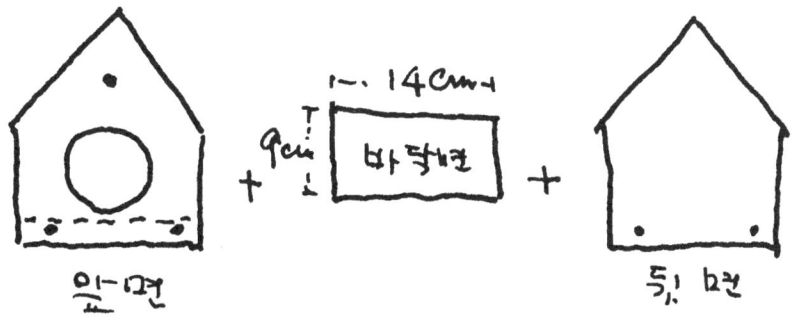

- 폭 9cm, 길이 14cm의 바닥면을 만든다.
- 앞면과 뒷면에 바닥면을 붙이기 위해 각각 2개씩 못 박을 구멍을 뚫는다.
- 바닥면을 앞면의 바닥선에 직각으로 맞추어 접착제로 붙인 후 못을 박는다. 뒷면도 똑같은 방식으로 붙여 못을 박는다.

⑤ 횃대a·b와 옆면A·B 붙이기

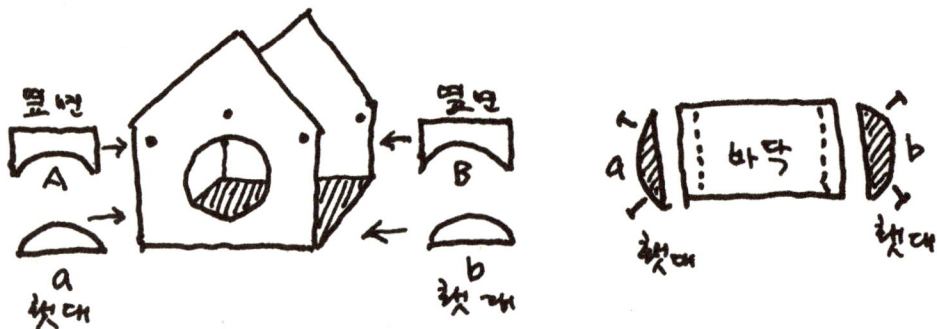

- 횃대a·b 양쪽에 각각 2개씩 못 박을 구멍을 뚫는다. 접착제를 바른 후 바닥 양 끝에 붙이고 못을 박는다.
- 옆면을 박기 위해 그림과 같이 앞면과 뒷면 윗부분에 각각 1개씩 못 박을 구멍을 뚫는다.
- 옆면A와 B에 접착제를 바른 후 앞면과 뒷면 처마선 끝에 맞추고 각각 못을 박아 고정시킨다.

⑥ 지붕 만들기와 씌우기

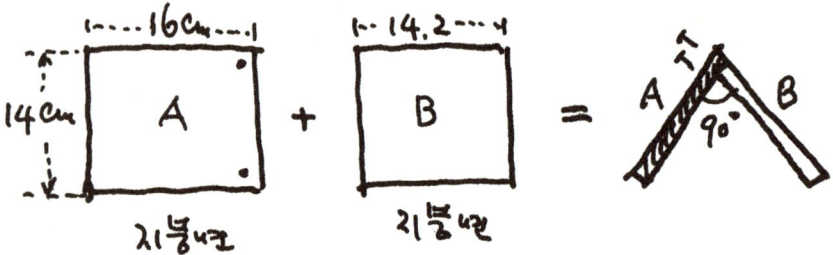

- 지붕면A와 B를 만들고, 지붕면A에 못 박을 구멍을 2개 뚫는다.
- 지붕면B에 접착제를 바른 후 지붕면A에 맞추어 못을 박는다.

- 몸체에 맞추어 지붕면A와 B에 각각 4개씩 못 박을 구멍을 뚫는다.
- 앞면과 뒷면 처마선에 접착제를 바른 후 못을 박아 고정시켜 먹이집을 완성한다.

박스형 새먹이집

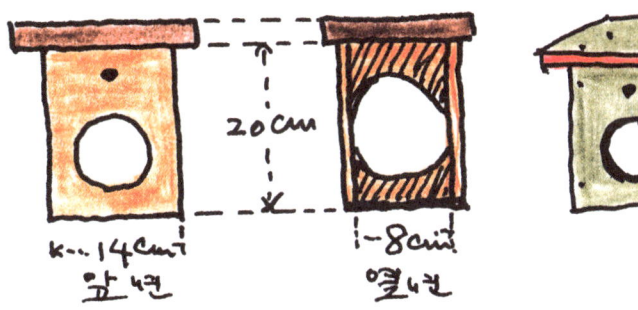

- 폭 14cm와 8cm, 두께 1.8cm의 판재를 사용한다.
- 세 방향으로 새들이 드나드는 먹이집이다.

① 앞면과 뒷면 만들기

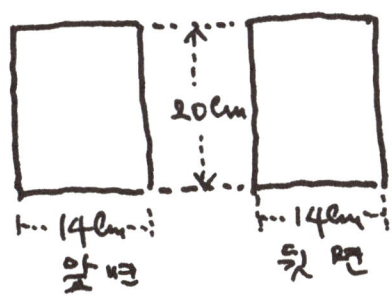

- 폭 14cm, 길이 20cm의 판재 2장을 만든다.

② 앞면에 출입구 만들기

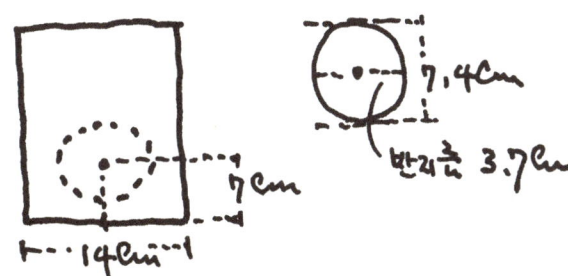

- 앞면 바닥선 중간지점에서 위로 수직으로 7cm되는 지점에 반지름 3.7cm(지름 7.4cm)의 원을 그려 잘라낸다.

③ 옆면 만들기

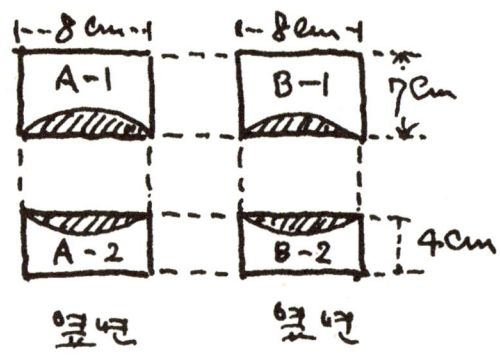

- 폭 8cm, 길이 7cm의 판재 2장을 만든 후 그림과 같이 타원형으로 잘라낸다.
- 폭 8cm, 길이 4cm의 판재 2장을 만든 후 그림과 같이 타원형으로 잘라낸다.

④ 바닥 붙이기

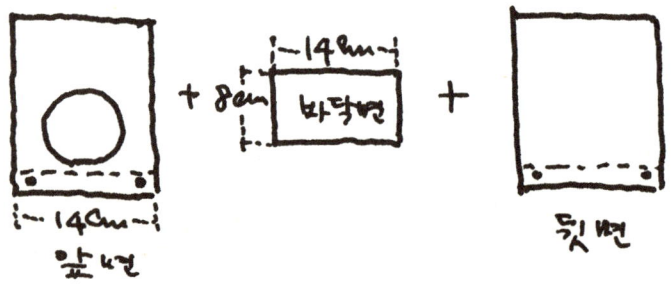

- 폭 8cm, 길이 14cm의 바닥면을 만든다.
- 앞면과 뒷면 아래쪽에 못 박을 구멍을 각각 2개씩 뚫는다.
- 바닥면에 접착제를 바른 후 앞면의 바닥선에 직각으로 맞추어 못을 박는다. 뒷면도 같은 방식으로 붙여 못을 박는다.

⑤ 옆면 붙이기

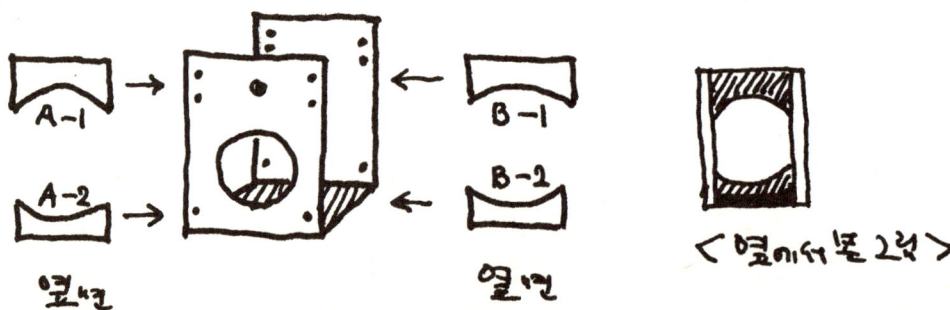

- 옆면을 붙이기 위해 앞면에 그림과 같이 위쪽에 2개, 아래쪽에 1개의 못 박을 구멍을 뚫는다. 뒷면도 앞면과 같은 방식으로 구멍을 뚫는다.
- 옆면에 각각 접착제를 바른 후 앞면과 뒷면 사이에 집어넣어 못을 박는다.

⑥ 지붕 만들기와 씌우기

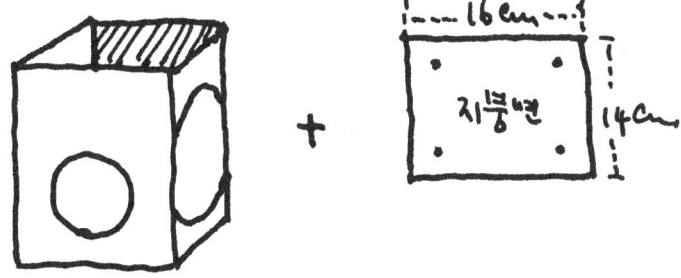

- 가로 14cm, 폭 16cm의 판재를 만든다.
- 지붕면에 구멍을 4개 뚫고 접착제를 바른 후 못을 박는다. 지붕면은 긴 길이(16cm)가 가로 길이가 되도록 한다.

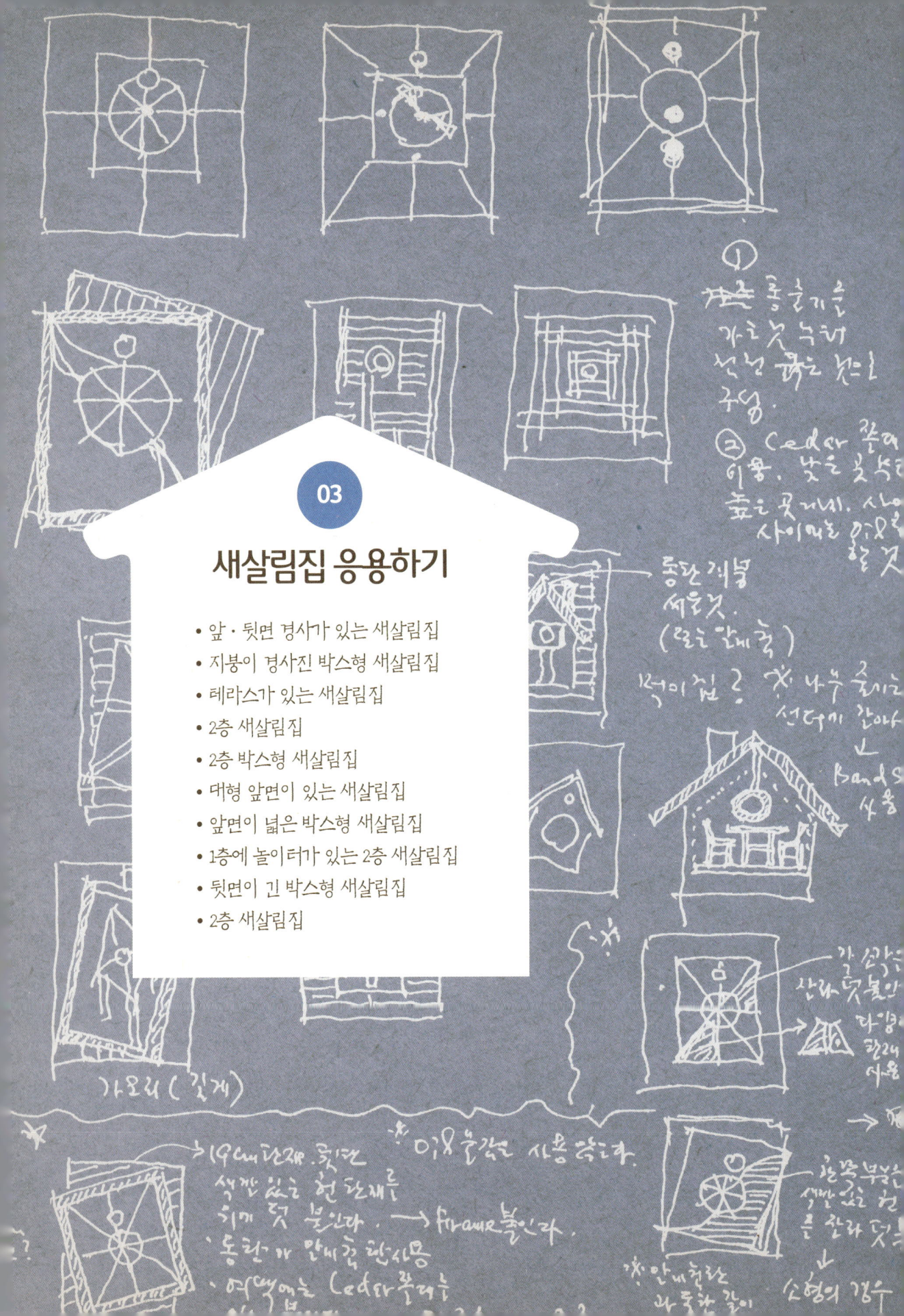

03 새살림집 응용하기

- 앞·뒷면 경사가 있는 새살림집
- 지붕이 경사진 박스형 새살림집
- 테라스가 있는 새살림집
- 2층 새살림집
- 2층 박스형 새살림집
- 대형 앞면이 있는 새살림집
- 앞면이 넓은 박스형 새살림집
- 1층에 놀이터가 있는 2층 새살림집
- 뒷면이 긴 박스형 새살림집
- 2층 새살림집

앞·뒷면 경사가 있는 새살림집 (지붕기울기 45°)

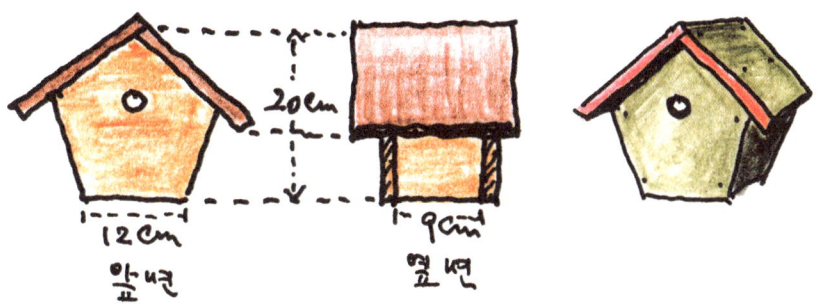

- 아래 폭이 좁은 새집이다.
- 폭 14cm의 판재로는 바닥이 좁아져 새가 둥지를 틀 수 없다.
- 폭 18cm, 두께 1.8cm의 판재를 사용한다.
- 새집을 짓는 방식은 기본형 새살림집과 똑같다.

① 앞면과 뒷면 만들기

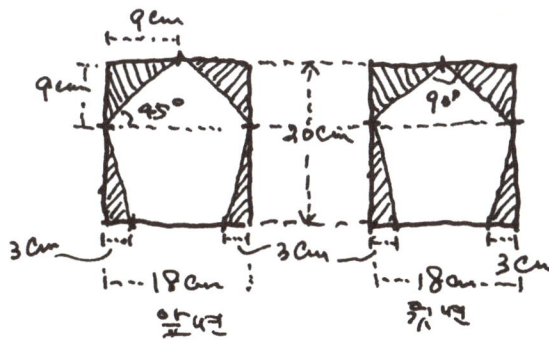

- 폭 18cm, 길이 20cm의 판재 2장을 만든다.
- 판재 2장을 그림과 같은 크기로 잘라내어 앞면과 뒷면을 만든다.

② 앞면에 출입구 만들기

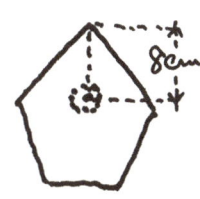

- 꼭짓점에서 아래로 수직으로 8cm 지점에서 반지름 1.5cm(지름 3cm)의 원을 그려 구멍을 뚫는다.

③ 옆면A · B 만들기와 조립하기

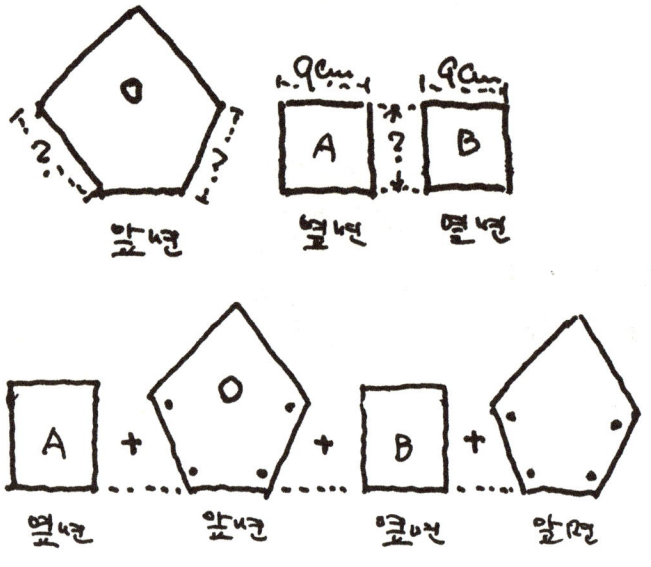

- 앞면의 좌우(?)를 자로 잰 다음, 폭 9cm의 판재 2장을 만든다.
- 앞면과 뒷면에 옆면을 맞추어 보고 각각 4개씩 못 박을 구멍을 뚫는다.
- 옆면A에 접착제를 바른 후 앞면에 맞추어 못을 박는다. 옆면B에 접착제를 바른 후 앞면에 맞추어 못을 박는다.
- 동일한 방법으로 뒷면에 맞추어 나머지 옆면A와 B에 접착제를 바른 후 못을 박는다.

④ 지붕 만들기와 씌우기

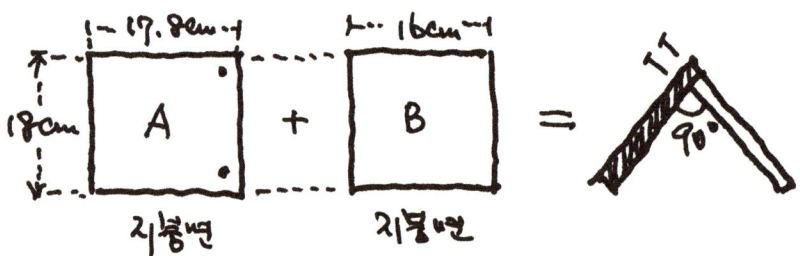

- 지붕면A와 B를 만든다.
- 지붕면A에 못 박을 구멍을 뚫고 지붕면B에 접착제를 바른 후 지붕면A와 직각이 되도록 못을 박는다.

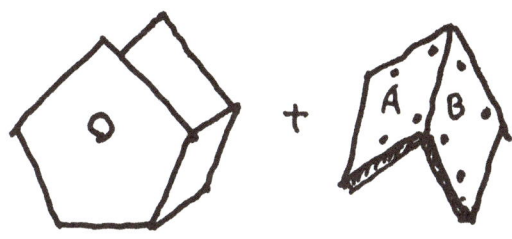

- 몸체에 맞추어 지붕면A와 B에 각각 4개씩 못 박을 구멍을 뚫는다.
- 몸체 처마선에 접착제를 바른 후 지붕을 붙이고 못을 박는다.
- 지붕의 앞쪽이 뒤쪽보다 조금 길게 나오도록 한다.

⑤ 바닥 만들기와 붙이기

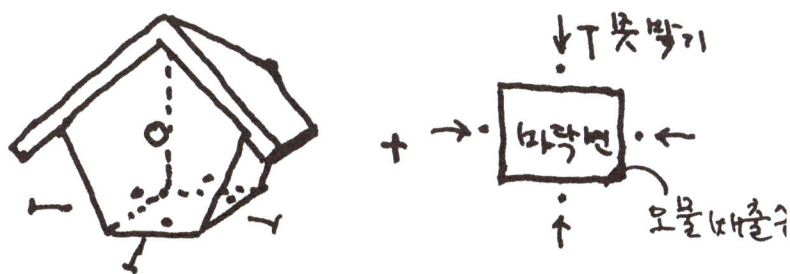

- 바닥을 재서 바닥면을 만든 후 한구석을 잘라내어 오물배출구를 만든다.
- 앞면과 뒷면, 옆면A와 B에 각각 1개씩 구멍을 뚫고, 바닥면을 넣어 못을 박아 완성한다.

※ 주의: 좌우 양면이 경사가 있으므로 바닥면을 붙일 때 주의를 요한다.

지붕이 경사진 박스형 새살림집 (지붕기울기 15°)

- 박스형 새집을 응용하여 지붕기울기를 앞쪽으로 15° 낮게 했다.
- 기본형을 활용한 다양한 형태의 새집 중의 하나이다.

① 옆면A · B 만들기

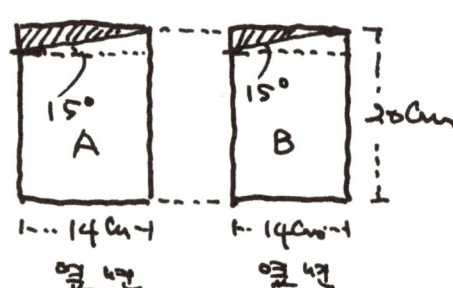

- 폭 14cm, 길이 20cm의 판재 2장을 만든다.
- 15° 각도로 잘라 경사면을 만든다.
- 작업하는 판재가 앞뒤 구분이 있는 경우, 옆면B는 그림과 반대로 경사를 주어야 한다. (A B)

② 앞면과 뒷면 만들기

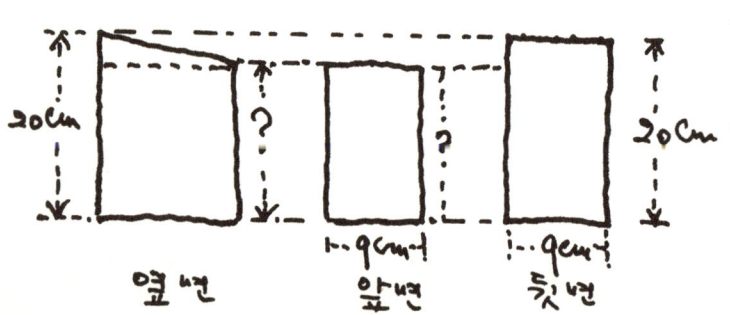

- 폭 9cm, 길이 20cm의 뒷면을 만든다.
- 옆면의 짧은 곳(?)을 자로 잰 다음, 폭 9cm의 앞면을 만든다.

③ 앞면 출입구 만들기

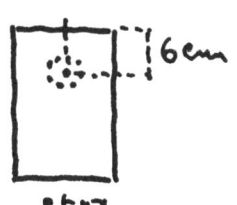

- 앞면 윗선 중간지점에 수직으로 6cm 지점에 반지름 1.5cm(지름 3cm)의 원을 그리고 잘라낸다.

④ 옆면A · B와 앞 · 뒷면 조립하기

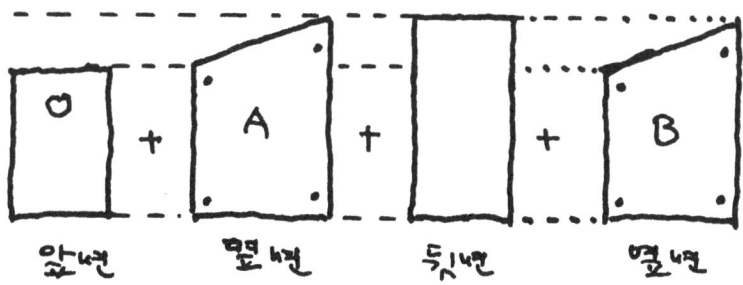

- 옆면A와 B에 각각 4개씩 못 박을 구멍을 뚫는다.
- 앞면에 접착제를 바른 후 옆면A에 맞추어 못을 박는다. 뒷면에 접착제를 바른 후 옆면A에 못을 박는다.

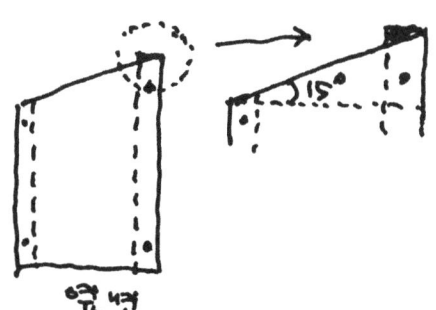

- 앞면과 뒷면의 나머지 부분에 접착제를 바른 후 옆면B에 맞추어 못을 박는다.
- 옆면의 처마 각도가 15°이므로 뒷면을 붙였을 때 튀어나온 부분은 잘라낸다.

⑤ 지붕 만들기와 씌우기

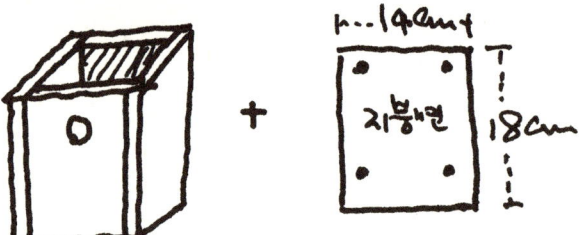

- 지붕면 4곳에 못 박을 구멍을 뚫는다.
- 몸체 윗부분 4곳에 접착제를 바른 후 못을 박아 고정시킨다.
- 앞면 쪽으로 지붕이 조금 길게 나오도록 한다.

⑥ 바닥 붙이기

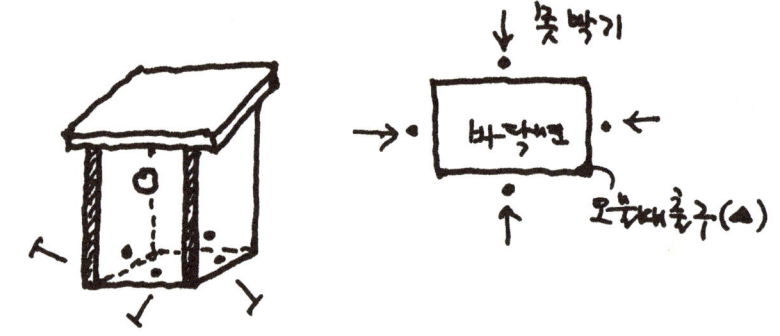

- 바닥을 재서 바닥면을 만든 후 바닥면 한 구석을 잘라내어 오물배출구를 만든다.
- 앞면과 뒷면, 옆면A와 B에 각각 구멍을 뚫고 바닥면을 넣은 후 못을 박아 완성한다.

테라스가 있는 새살림집 (지붕기울기 45°)

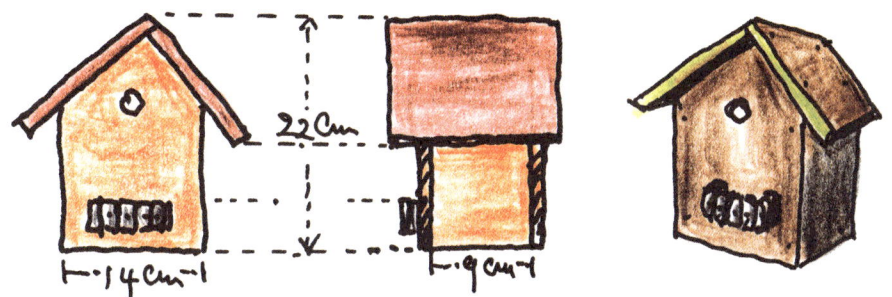

- 기본형 새살림집의 높이를 키운 것이다. 앞면에 테라스가 붙어 있는 새집이다. 이 새집의 처마와 앞면 공간에 나무줄기나 나뭇가지, 또는 금속판을 붙여 다양한 연출을 할 수 있다.
- 폭 14cm, 두께 1.8cm의 판재를 사용한다.

① 앞면과 뒷면 만들기

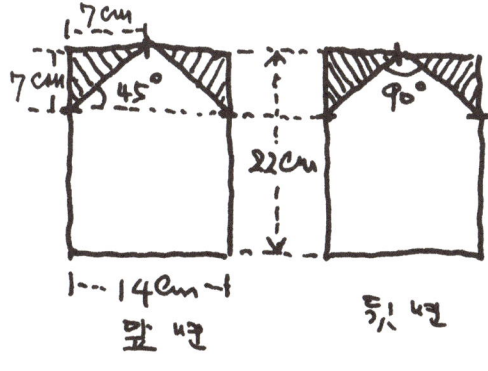

- 폭 14cm, 길이 22cm의 판재 2장을 만들고 그림과 같이 지붕기울기 45°를 만든다.

② 앞면에 출입구 만들기

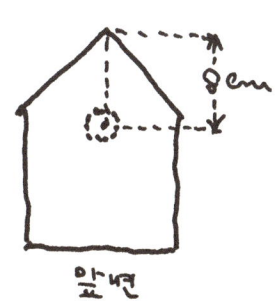

- 앞면 꼭짓점에서 수직으로 8cm 되는 지점에 반지름 1.5cm(지름 3cm)의 원을 그린 후 구멍을 뚫는다.

③ 옆면A · B 만들기와 조립하기

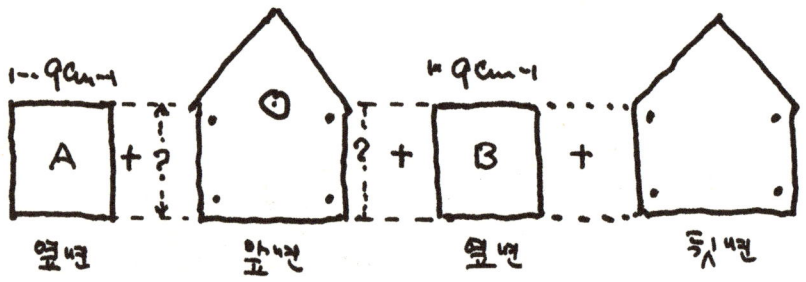

- 앞면의 좌우(?)를 자로 잰 다음, 폭 9cm의 판재 2장으로 옆면을 만든다.
- 앞면과 뒷면에 각각 4개씩 못 박을 구멍을 뚫는다.
- 옆면A와 옆면B에 각각 접착제를 바른 후 앞면에 맞추어 붙이고 못을 박는다.
- 뒷면도 동일한 방법으로 나머지 옆면A와 B를 붙여 못을 박는다.

④ 테라스 만들기

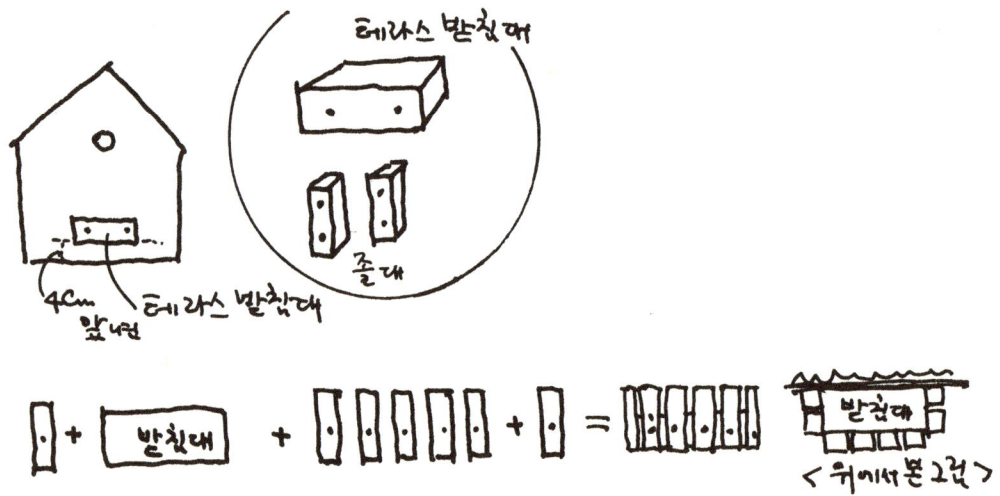

- 가로 5cm, 깊이 2cm, 세로 2cm의 테라스 받침대를 만들고 못 박을 구멍을 2개 뚫는다.
- 가로 1~1.5cm, 두께 1cm, 세로 3.5cm의 졸대를 7~8개 준비한다. 각 졸대에는 테라스 받침대에 못 박을 구멍을 미리 뚫어둔다.
- 앞면 중앙, 바닥선에서 위로 4cm되는 곳에 접착제를 바른 후 받침대를 붙이고 못을 박는다.
- 받침대에 접착제를 바른 후 졸대를 붙인다. 미리 뚫어놓은 구멍에 작은 못을 박아 고정시킨다.

⑤ 지붕 만들기와 씌우기

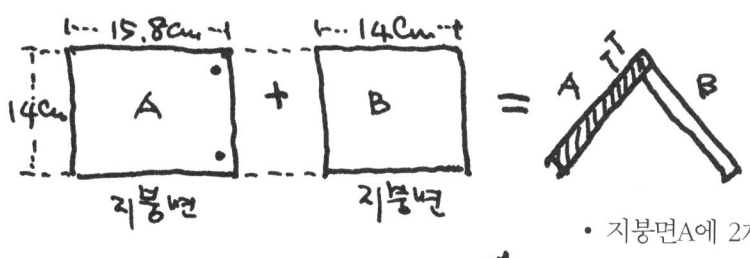

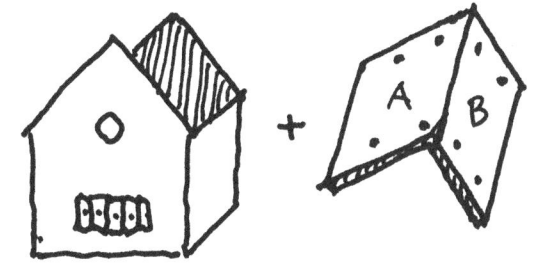

- 지붕면A에 2개의 구멍을 뚫고, 지붕면 B에 접착제를 바른 후 지붕면A에 맞추어 못을 박는다.
- 몸체에 맞추어 지붕면A와 B에 각각 4개씩 못 박을 구멍을 뚫는다.
- 몸체 처마선에 접착제를 바른 후 지붕을 씌운 후 못을 박는다.

⑥ 바닥 붙이기

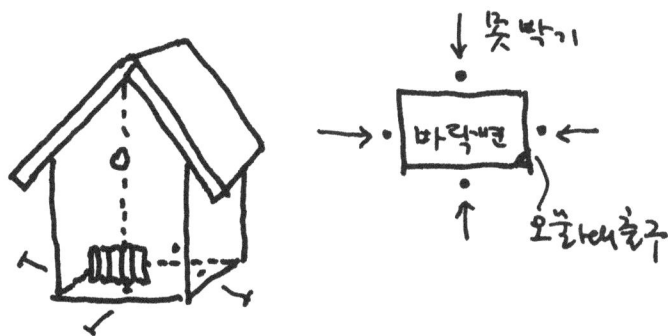

- 바닥을 재서 바닥면을 만든 후 바닥면 한구석에 오물배출구를 만든다.
- 앞면과 뒷면, 옆면A와 B에 각각 1개씩 구멍을 뚫고 바닥면을 넣은 후 못을 박아 새집을 완성한다.

2층 새살림집 (지붕기울기 45°)

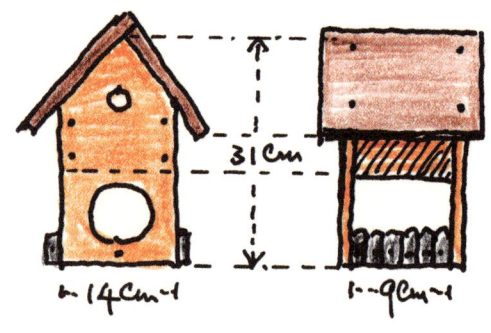

- 1층은 새먹이집, 2층은 새살림집이다.
- 여러 가지 형태로 새집을 변화시킬 수 있는 대형 새집의 기본형이다.
- 폭 14cm, 9cm, 두께 1.8cm의 판재를 사용한다.

① 앞면과 뒷면 만들기

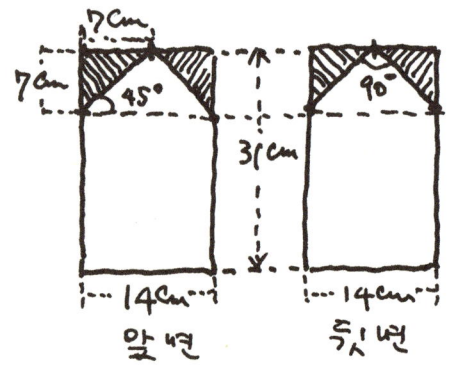

- 폭 14cm, 길이 31cm의 판재 2장을 만들고, 그림과 같이 잘라내어 지붕기울기 45°를 만든다.

② 앞면에 출입구 만들기

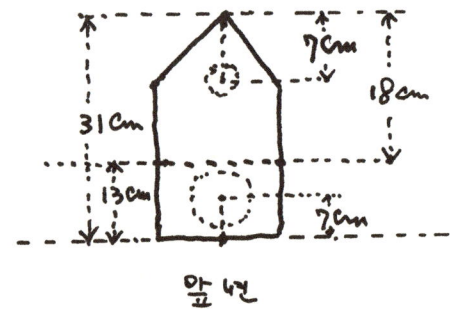

- 처마 꼭짓점에서 수직으로 7cm 지점에 반지름 1.5cm(지름 3cm)의 원을 그려 구멍을 뚫는다. 2층 새살림집 출입구이다.
- 앞면 바닥선 중간지점에서 수직으로 7cm 지점에 반지름 4cm(지름 8cm)의 원을 그려 잘라낸다. 1층 새먹이집 출입구이다.

③ 2층 새살림집 옆면A · B와 1층 바닥면 만들기

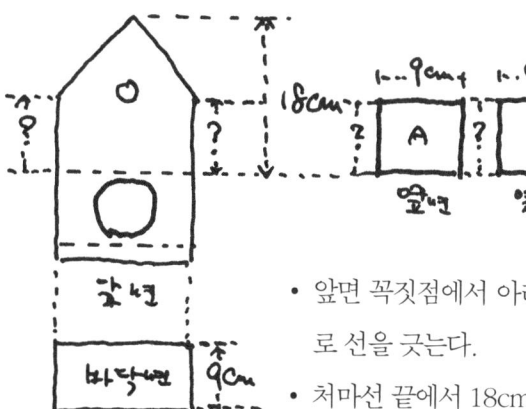

- 앞면 꼭짓점에서 아래로 수직으로 18cm 지점을 표시하고 수평으로 선을 긋는다.
- 처마선 끝에서 18cm 지점(?)을 자로 잰 다음, 폭 9cm의 옆면 2장을 만든다.
- 폭 9cm, 길이 14cm의 바닥면(1층)을 만든다.

④ 1층 바닥면, 옆면A · B와 뒷면 조립하기

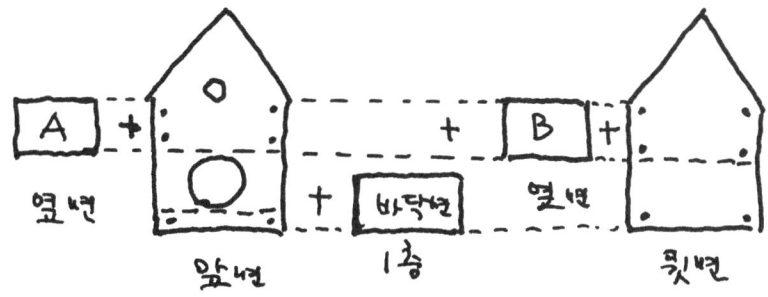

- 그림과 같이 앞면과 뒷면에 못 박을 구멍을 뚫는다.
- 바닥면에 접착제를 바른 후 앞면과 뒷면에 붙이고 못을 박는다.
- 옆면A와 B에 접착제를 바른 후 앞면에 붙이고 못을 박는다.
- 나머지 옆면A와 B에 접착제를 바른 후 뒷면에 붙이고 못을 박는다.

⑤ 2층 바닥면 붙이기

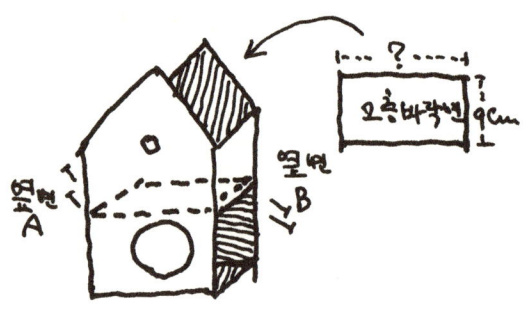

- 2층 바닥(?)을 자로 잰 다음, 폭 9cm의 바닥면을 만든다.
- 바닥면을 붙이기 위해 옆면A와 B의 아래쪽에 각각 2개씩 못 박을 구멍을 뚫는다.
- 바닥면을 위에서 밀어넣고 옆면A와 B의 아랫선에 맞추어 각각 못을 박는다.

⑥ 지붕 만들기와 씌우기

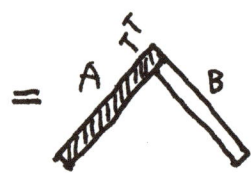

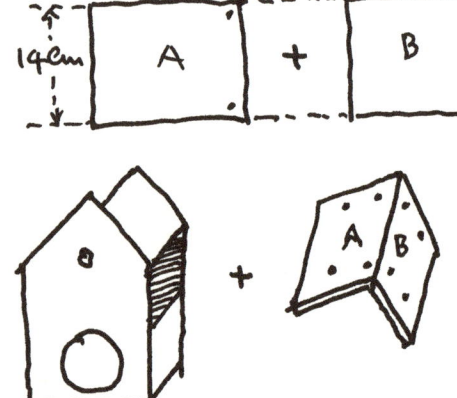

- 지붕면A와 B를 만든 후 지붕면A에 못 박을 구멍을 2개 뚫는다.
- 지붕면B에 접착제를 바른 후 지붕면A에 맞추어 못을 박는다.
- 몸체에 맞추어 지붕면A와 B에 각각 4개씩 못 박을 구멍을 뚫는다.
- 몸체 처마선에 접착제를 바른 후 지붕을 씌우고 못을 박아 완성한다.

⑦ 1층 먹이집 횃대(졸대) 붙이기

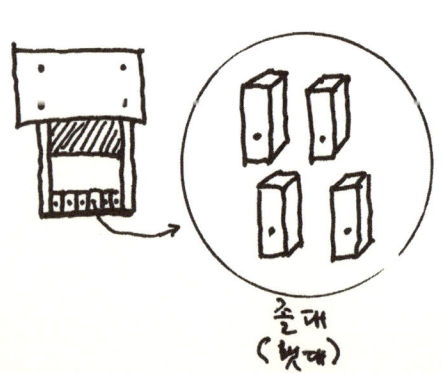

- 가로 1~1.5cm, 두께 1cm, 세로 3.5cm 횃대(졸대)를 준비한다.
- 각 졸대에 작은 구멍을 미리 뚫어놓는다.
- 졸대를 붙일 바닥면 양쪽에 접착제를 바른 후 졸대를 붙이고 작은 못을 박아 고정시킨다.

※ 주의: 졸대의 크기에는 제한이 없다. 만들어놓은 새집의 분위기나 크기에 맞추어 나무 막대기나 나뭇가지 또는 나무 줄기를 사용해도 무방하다.

2층 박스형 새살림집

- 1층은 새먹이집, 2층은 새살림집이다.
- 폭 9cm, 14cm, 두께 1.8cm의 판재를 사용한다.
- 박스형 2층 새집의 기본형이다.

① 앞면과 뒷면 만들기

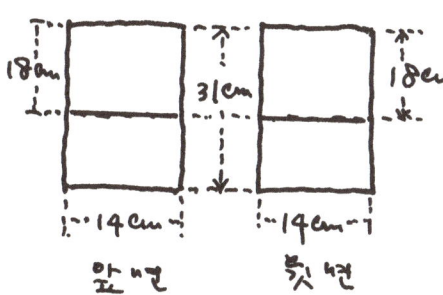

- 폭 14cm, 길이 31cm의 판재 2장을 만든다.
- 앞면과 뒷면 각각 위에서 아래로 18cm 되는 지점에 그림과 같이 연필로 선을 긋는다.

② 앞면에 새살림집과 새먹이집 출입구 만들기

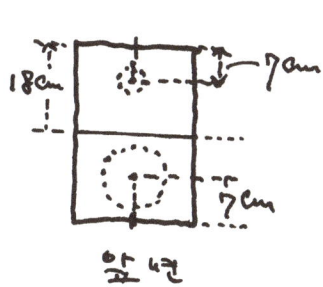

- 앞면 윗선 중간지점에서 아래로 수직으로 7cm 되는 곳에 반지름 1.5cm(지름 3cm)의 원을 그려 구멍을 뚫는다.
- 앞면 바닥선 중간지점에서 위로 수직으로 7cm 되는 곳에 반지름 4cm(지름 8cm)의 원을 그리고 잘라낸다.

③ 2층 새살림집 옆면A · B와 1층 바닥면 만들기

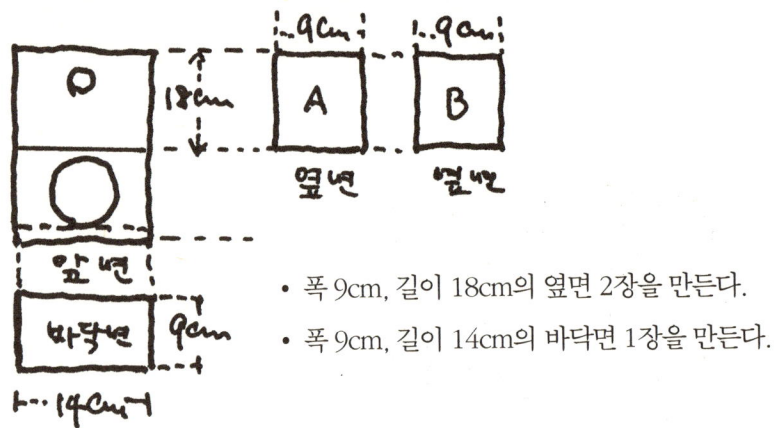

- 폭 9cm, 길이 18cm의 옆면 2장을 만든다.
- 폭 9cm, 길이 14cm의 바닥면 1장을 만든다.

④ 1층 바닥면, 옆면A · B와 뒷면 조립하기

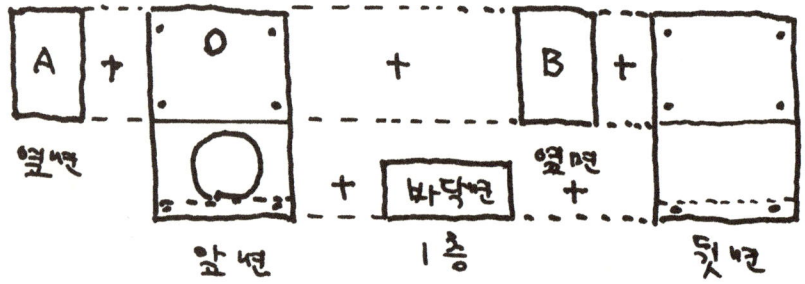

- 그림과 같이 앞면과 뒷면에 각각 못 박을 구멍을 뚫는다.
- 바닥면에 접착제를 바른 후 앞면에 붙이고 못을 박는다.
- 옆면A와 B에 접착제를 바른 후 앞면에 붙이고 못을 박는다.
- 뒷면도 동일한 방식으로 앞면에 맞추어 붙이고 못을 박는다.

⑤ 2층 바닥면 붙이기

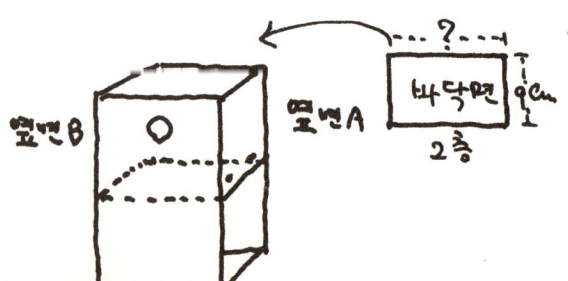

- 2층 바닥(?)을 자로 잰 다음, 폭 9cm의 바닥면을 만든다.
- 바닥면을 붙이기 위해 옆면A와 B의 아래쪽에 각각 2개씩 못 박을 구멍을 뚫는다.
- 바닥면을 위에서 밀어넣고 옆면A와 B의 아랫선에 맞추어 각각 못을 박는다.

⑥ 지붕 만들기와 씌우기

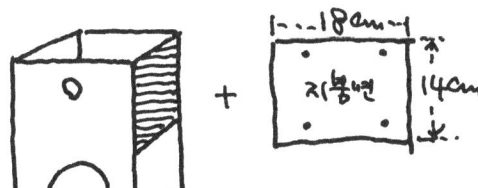

- 폭 14cm, 길이 18cm의 지붕면을 만든다.
- 몸체에 맞추어 지붕을 씌울 곳에 4개의 구멍을 뚫고, 접착제를 바른 후 못을 박아 완성한다.

⑦ 1층 먹이집 횃대(졸대) 붙이기

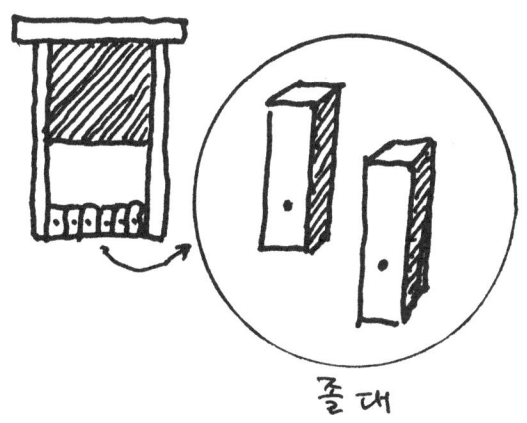

- 가로 1~1.5cm, 두께 1cm, 세로 3.5cm의 횃대(졸대)를 준비한다.
- 바닥면에 맞추어 각 졸대에 작은 구멍을 뚫어놓는다.
- 졸대를 붙일 바닥면 양쪽에 접착제를 바른 후 졸대를 연이어 붙이고, 작은 못을 박아 완성한다.

대형 앞면이 있는 새살림집 (지붕기울기 45°)

- 대형 앞면과 앞면이 없는 기본형 새집이 결합한 형태이다.
- 넓은 앞면 공간을 마음껏 다채롭게 사용할 수 있다.

1. 대형 앞판 만들기

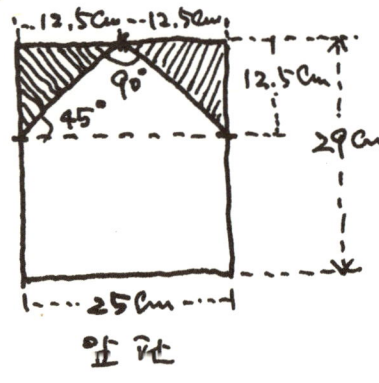

- 가로 25cm, 세로 29cm 판재를 만든 후 지붕기울기 45°로 잘라낸다.

2. 앞면이 없는 기본형 새집 만들기

① 뒷면 만들기

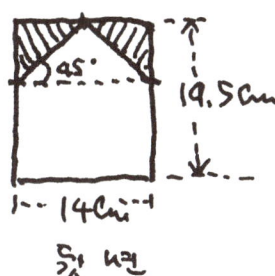

- 폭 14cm, 길이 19.5cm의 판재 1장을 만든다.
- 지붕기울기 45°로 잘라낸다.

② 옆면A · B 만들기와 조립하기

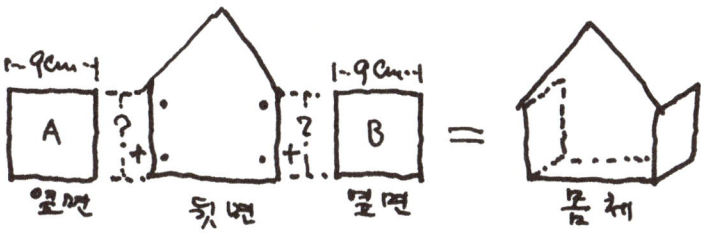

- 뒷면 세로 길이(?)를 자로 잰 다음, 폭 9cm의 판재 2장을 만든다.
- 옆면을 붙이기 위해 뒷면에 못 박을 구멍을 4개 뚫는다.
- 옆면A와 B에 접착제를 바른 후 뒷면에 붙이고 못을 박는다.

③ 바닥 붙이기

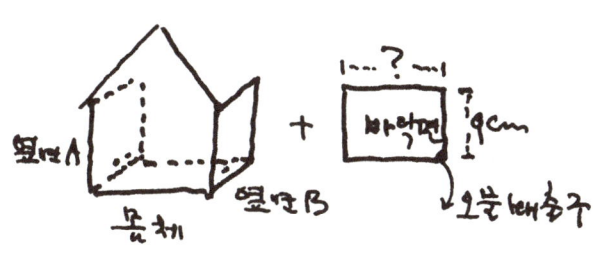

- 바닥(?)을 자로 잰 다음, 폭 9cm의 바닥면을 만든다.
- 바닥면에 맞추어 옆면A와 B에 각각 2개씩 못 박을 구멍을 뚫는다.
- 바닥면 양면에 접착제를 바른 후 밀어넣어 못을 박는다.

3. 앞면에 몸체 붙이기

① 앞면에 새집 구멍 뚫기

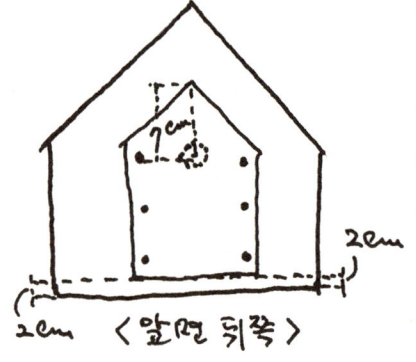

- 앞면을 뒤집어놓고 바닥선에서 위로 2cm 되는 지점에 수평으로 선을 긋는다.
- 새집 몸체 뒷면을 위로 하고, 가로로 그은 선상에 맞춘다.
- 몸체가 중앙에 오도록 맞춘 후 연필로 그대로 그린다.
- 몸체를 붙이기 위해 앞면에 못 박을 구멍을 그림과 같이 6개 뚫는다.
- 연필로 그린 새집 그림의 꼭짓점에서 수직으로 7cm 되는 지점에 반지름 1.5cm(지름 3cm)의 구멍을 뚫는다.

② 기본형 새집 몸체를 앞면에 붙이기

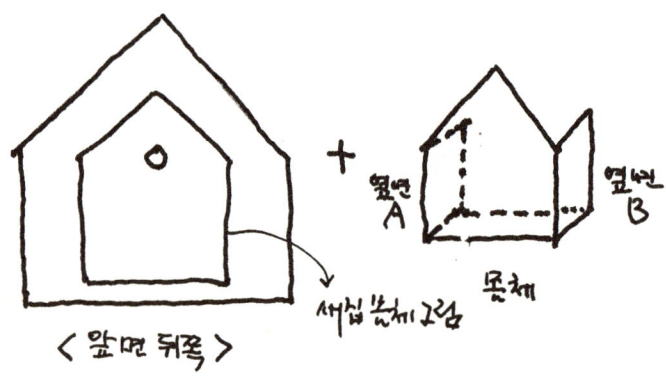

- 옆면A와 B에 접착제를 바른 후 앞면 뒤쪽에 그린 그림에 맞추어 그대로 올려놓는다.
- 약 10분이 지나면 몸체를 붙인 앞판을 뒤집어놓고 미리 뚫어 놓은 구멍에 못을 박아 옆면A와 B를 고정시킨다.

③ 앞면에 붙인 새집 몸체에 지붕 만들어 씌우기

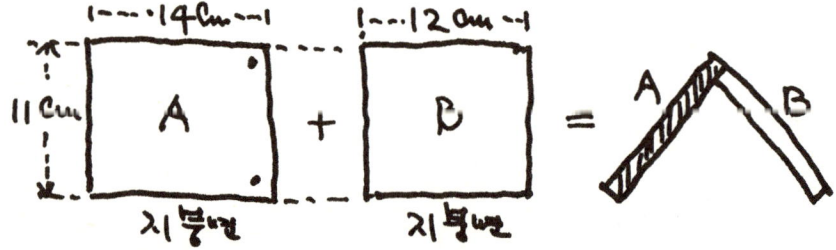

- 지붕면A와 B를 만든 후 지붕면A에 못 박을 구멍을 2개 뚫는다.
- 지붕면B에 접착제를 바른 후 지붕면A에 맞추어 못을 박는다.

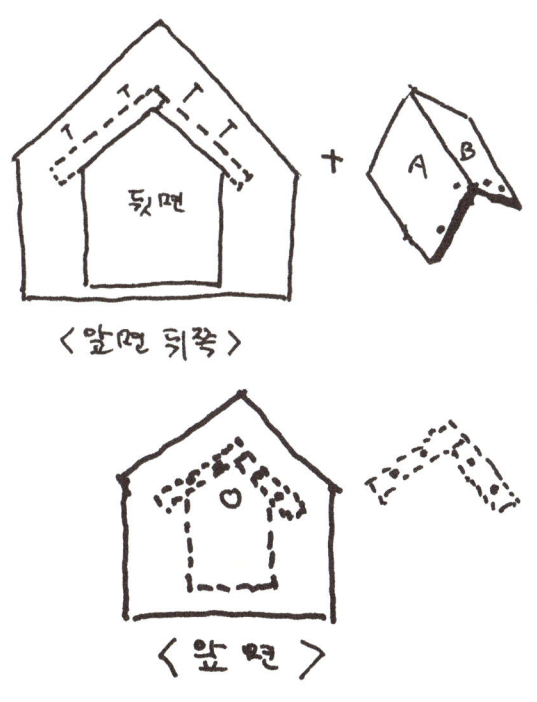

- 몸체 처마선에 맞추어 지붕면A와 B에 각각 2개씩 못 박을 구멍을 뚫는다.
- 접착제를 바른 후 지붕을 몸체 위에 붙인다.
- 지붕 처마선이 앞면 뒤쪽에 꼭 붙도록 맞춘 후 앞면 앞쪽에서 못을 박아 고정시킨다.

※ 주의: 앞면이 없는 새집 지붕 처마에 못 박는 것을 잊지 말자! 앞면에서 새집 지붕의 처마선에 좌우 구멍을 2개씩 뚫고 못을 박는다. 보이지 않기 때문에 조금 힘든 작업이다.

④ 대형 앞면에 지붕 씌우기

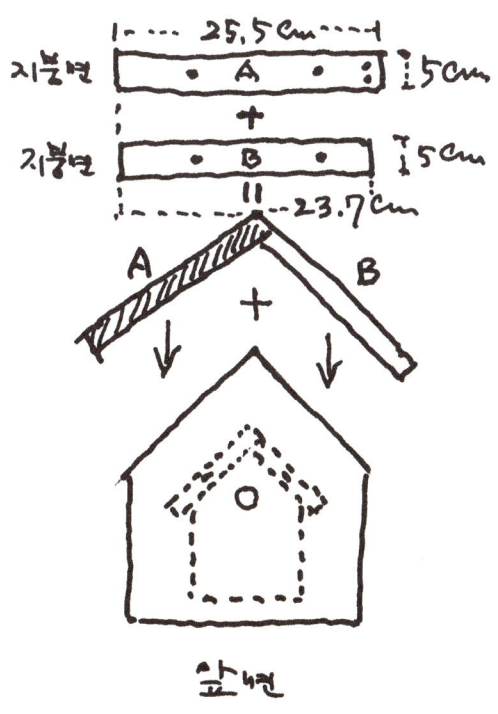

- 폭 5cm, 길이 25.5cm와 23.7cm의 좁은 폭 판재 2장을 만든다.
- 지붕면A와 B에 그림과 같이 못 박을 구멍을 미리 뚫어둔다.
- 지붕면B에 접착제를 바른 후 지붕면A에 맞추고 못을 박는다.
- 앞면 처마선에 접착제를 바른 후 지붕을 붙여 못을 박아 완성한다.

※ 주의: 지붕은 앞면 쪽으로 조금 길게 나오도록 한다.

앞면이 넓은 박스형 새살림집

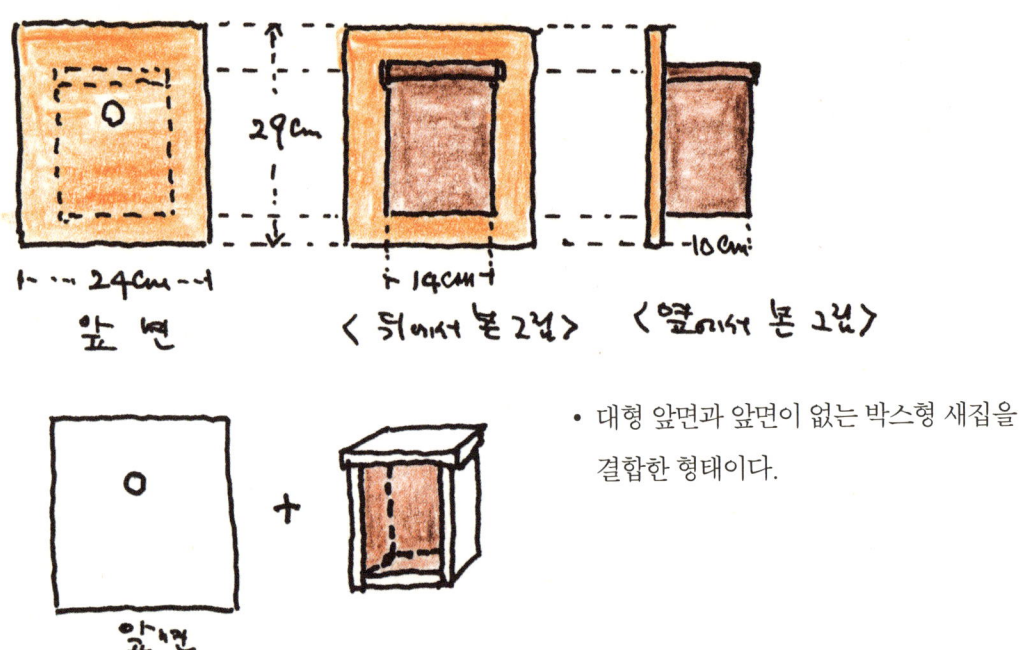

- 대형 앞면과 앞면이 없는 박스형 새집을 결합한 형태이다.

1. 대형 앞면 만들기

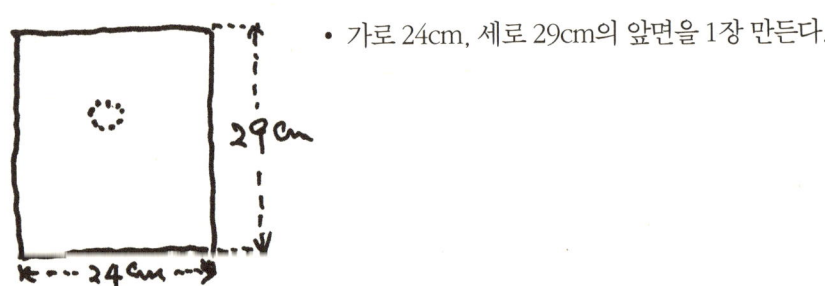

- 가로 24cm, 세로 29cm의 앞면을 1장 만든다.

2. 앞면이 없는 박스형 새집 만들기

① 옆면A · B와 뒷면 만들어 조립하기

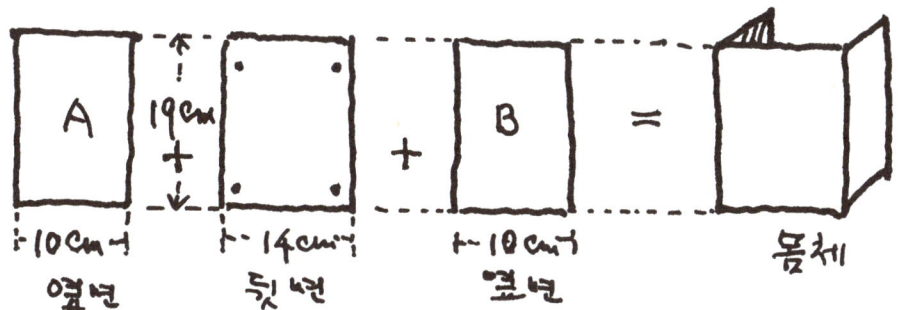

- 폭 14cm, 길이 19cm의 뒷면을 만든다.
- 폭 10cm, 길이 19cm의 옆면을 2장 만든다.
- 옆면을 붙이기 위해 뒷면에 못 박을 구멍을 4개 뚫는다.
- 옆면A와 B에 접착제를 바른 후 뒷면에 맞추어 붙이고, 각각 못을 박는다.

② 바닥 만들어 붙이기

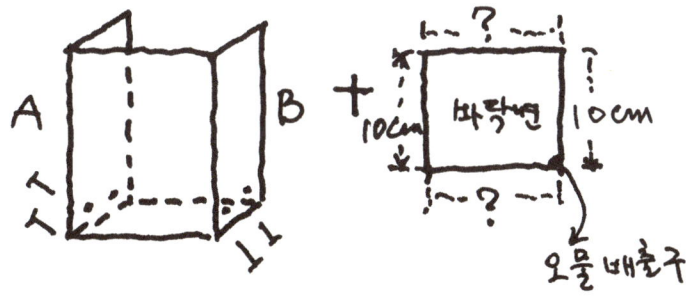

- 바닥(?)을 자로 잰 다음, 폭 10cm의 바닥면을 만든다.
- 바닥면을 붙이기 위해 옆면A와 B 아래쪽으로 각각 2개씩 못 박을 구멍을 뚫는다.
- 바닥면을 밀어넣어 붙인 후 옆면A와 B에서 각각 못을 박는다.
- 바닥면 한구석에 오물배출구를 만든다.

3. 대형 앞면에 새집 몸체 붙이기

① 앞면에 새집 출입구 만들기

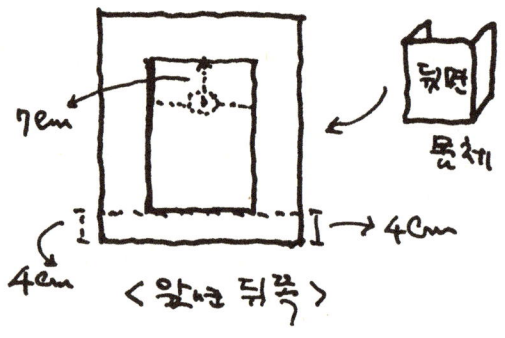

- 앞면을 뒤집어놓고 바닥선 위로 4cm 되는 지점에서 수평으로 선을 긋는다.
- 새집 몸체 뒷면의 바닥선을 수평으로 그은 선에 맞추고 몸체가 가운데 오도록 한다.
- 연필로 뒷면을 그대로 그린다.
- 그린 뒷면 위쪽의 중간지점에서 수직으로 7cm 되는 곳에 반지름 1.5cm(지름 3cm)의 원을 그리고 구멍을 뚫는다.

② 앞면에 새집 몸체 붙이기

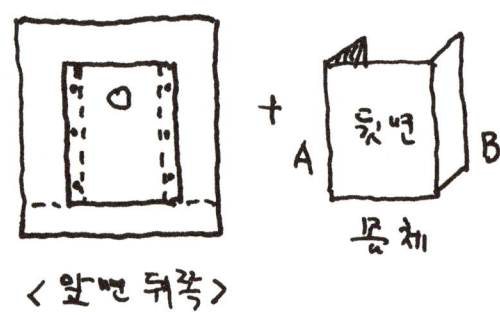

- 앞면 뒤쪽에 그린 몸체 그림에서 옆면A와 B가 닿는 지점에 각각 3개씩 6개의 구멍을 뚫는다.
- 옆면A와 B에 접착제를 바른다.
- 몸체를 앞면 뒤쪽의 그림에 맞추어 붙인 후 약 10분간 마르기를 기다린다.
- 앞면이 나오도록 뒤집어 앞쪽에서 이미 뚫어놓은 6개의 구멍에 못을 박는다.

③ 박스형 몸체에 지붕 붙여 완성하기

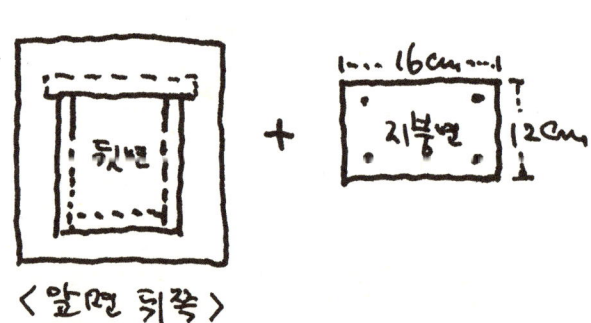

- 폭 12cm, 길이 16cm 지붕면 1장을 만든다.
- 그림과 같이 지붕면에 4개의 구멍을 뚫는다.
- 지붕면이 놓일 몸체 윗부분과 지붕면 한쪽에 접착제를 바른 후 앞면 쪽으로 바짝 밀어 못을 박고 고정시킨다.

1층에 놀이터가 있는 2층 새살림집 (지붕기울기 45°)

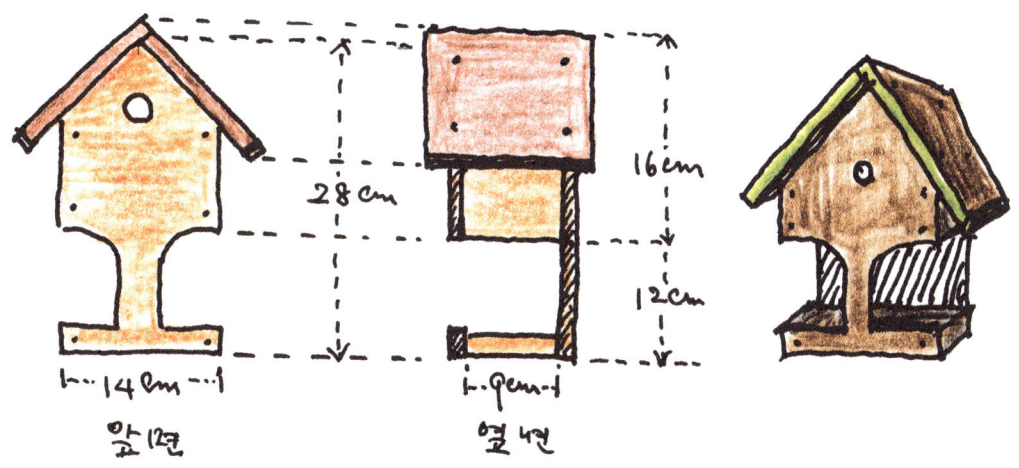

- 기본형 새집을 변형하여 일층에 놀이터를 둔 새집이다.
- 폭 14cm, 9cm와 두께는 1.8cm의 판재를 사용한다. 판재 두께가 조금 더 얇으면 보기가 한 층 더 좋다.

① 앞면과 뒷면 만들기

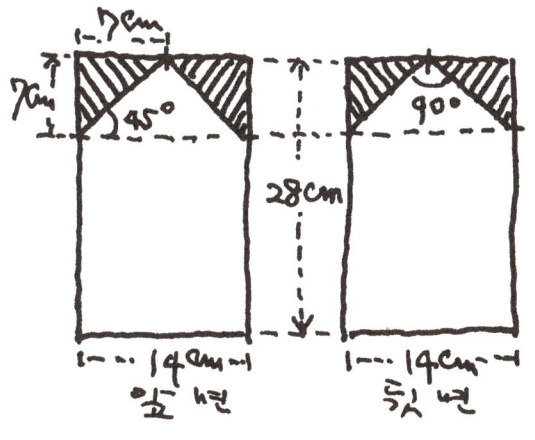

- 폭 14cm, 길이 28cm의 판재 2장을 만든다.
- 그림과 같이 지붕기울기 45°로 잘라낸다.

② 앞면 손질하기

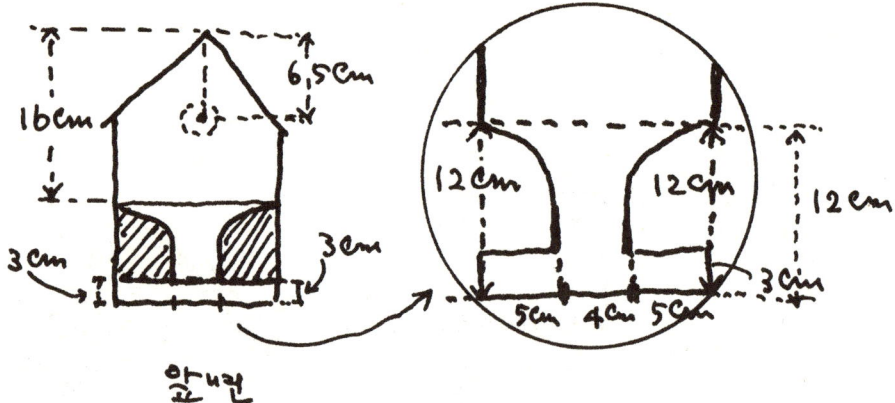

앞면

- 앞면 꼭짓점에서 수직으로 6.5cm 되는 지점에 반지름 1.5cm(지름 3cm)의 원을 그리고 잘라내어 출입구를 만든다.
- 꼭짓점에서 수직으로 16cm 되는 지점에 수평으로 선을 긋는다.
- 바닥선 위로 3cm 되는 지점에 수평으로 선을 긋는다.
- 바닥선에서 위로 좌우 12cm 지점(꼭짓점에서 아래로 좌우 16cm 지점)과 바닥선 좌우 각각 5cm 지점을 그림과 같이 타원형으로 연결하여 사선 친 부분을 각각 잘라낸다.

③ 2층 옆면과 1층 바닥면 만들기

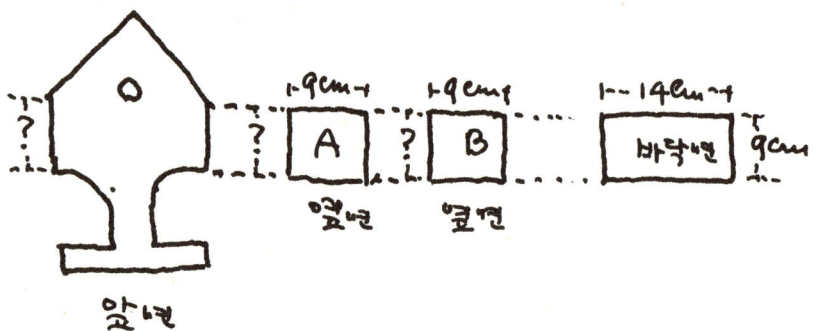

앞면

- 2층 세로 길이 양쪽 면(?)을 자로 잰 다음, 폭 9cm, 길이 ?cm의 옆면 A와 B를 만든다.
- 폭 9cm, 길이 14cm의 1층 바닥면을 1장 만든다.

④ 2층 옆면A · B와 바닥면 붙이기

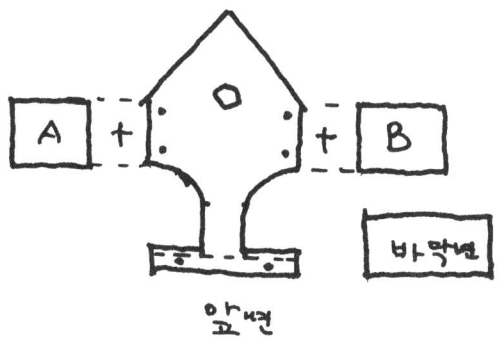

- 2층 앞면에 좌우 각각 2개씩 구멍을 뚫는다.
- 바닥면을 붙이기 위해 앞면 아래쪽에 2개의 구멍을 뚫는다.
- 바닥면에 접착제를 바른 후 앞면 바닥선에 맞추어 못을 박는다.
- 옆면A와 B에 각각 접착제를 바른 후 2층 양쪽 세로 길이에 맞추어 못을 박는다.

⑤ 뒷면 붙이기

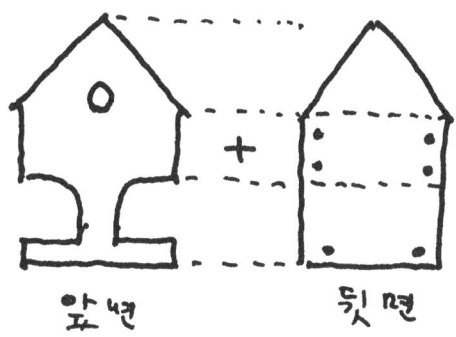

- 뒷면에 그림과 같이 구멍을 4개, 2개씩 뚫는다.
- 앞면에 맞추어 뒷면을 대고 못을 박는다.

⑥ 2층 바닥면 붙이기

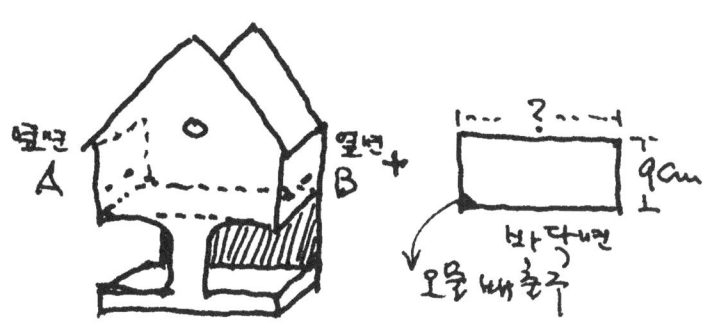

- 2층 바닥면 가로 길이(?)를 잰 다음, 폭 9cm의 바닥면을 만든다.
- 2층 옆면A와 B 아랫부분에 구멍을 뚫은 다음, 바닥면을 넣고 못을 박는다.

⑦ **지붕 만들기와 씌우기**

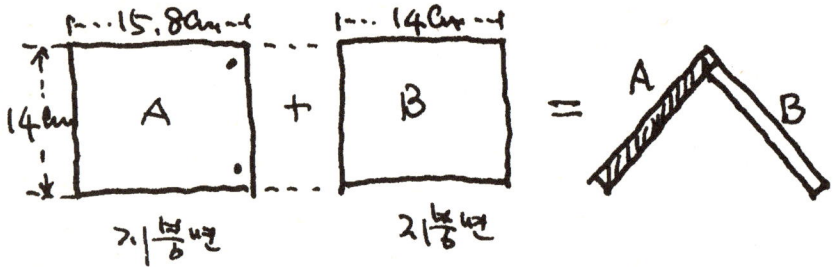

- 폭 14cm 판재로 길이 15.8cm와 14cm의 지붕면 2장을 만든다.
- 지붕면A에 구멍을 2개 뚫는다.
- 지붕면B에 접착제를 바른 후 지붕면A에 맞추어 직각으로 붙이고 못을 박는다.

- 몸체에 맞추어 지붕면A와 B에 각각 4개씩 못 박을 구멍을 뚫는다.
- 몸체 처마선에 접착제를 바른 후 지붕을 씌우고 못을 박아 완성한다.

※주의: 지붕이 뒷쪽보다 앞쪽으로 조금 더 나오게 한다.

뒷면이 긴 박스형 새살림집 (지붕기울기 15°)

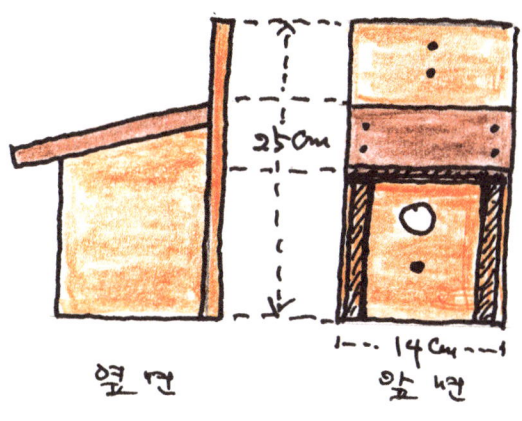

- 지붕기울기 15°의 박스형 새집으로 뒷면이 길다.
- 폭 14cm, 11cm, 9.5cm 판재를 사용한다. 판재 두께는 1.6cm가 적당하다. 두께 1.8cm 판재도 무방하나 새집의 귀여운 맛이 없어진다.

① 옆면A · B 만들기

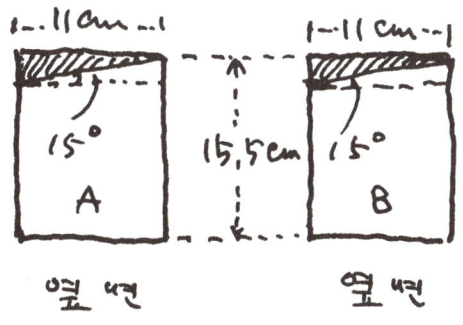

- 폭 11cm, 길이 15.5cm의 판재 2장을 만든다.
- 지붕기울기 15°로 그림과 같이 각각 잘라내어 옆면을 만든다.

② 앞면과 뒷면 만들기

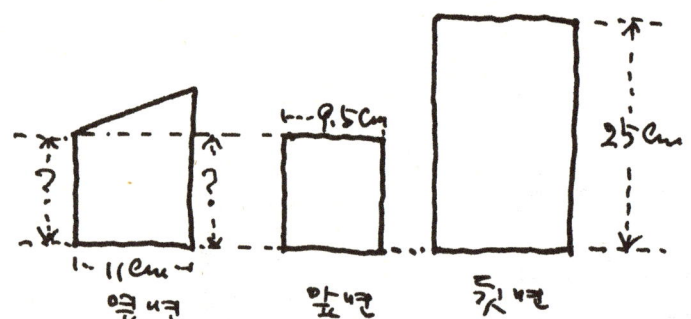

- 옆면 왼쪽 길이(?)를 잰 다음, 폭 9.5cm의 앞면 1장을 만든다.
- 폭 14cm, 길이 25cm의 뒷면 1장을 만든다.

③ 앞면에 출입구와 횃대 구멍 뚫기

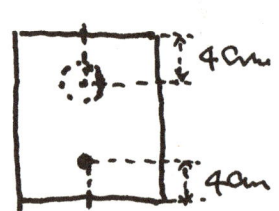

- 윗선 중간지점에서 수직으로 4cm 되는 곳에 반지름 1.5cm(지름 3cm)의 원을 그리고 잘라낸다.
- 바닥선 중간지점에서 수직으로 4cm 되는 곳에 지름 8mm의 횃대 구멍을 뚫는다.

④ 앞면과 옆면A · B 조립하기

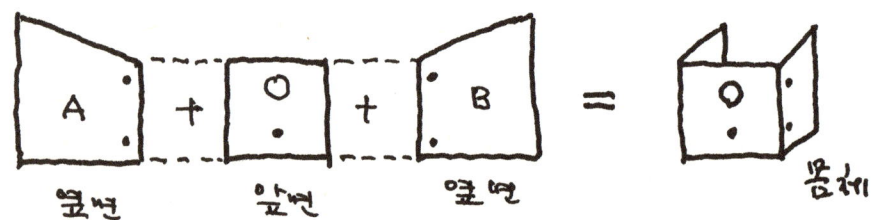

- 옆면A와 B에 그림과 같이 각각 2개씩 못 박을 구멍을 뚫는다.
- 앞면 양쪽에 접착제를 바른 후 옆면A와 B에 맞추어 붙이고 각각 못을 박는다.

⑤ 바닥면 붙이기

 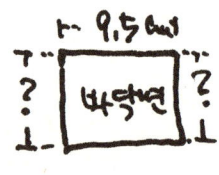

- 바닥(?)을 자로 잰 다음, 폭 9.5cm의 바닥면을 만든다.
- 바닥면을 붙이기 위해 옆면A와 B의 아랫부분에 각각 2개씩 구멍을 뚫는다.
- 바닥면을 넣어 맞춘 후 못을 박는다.

⑥ 몸체에 뒷면 붙이기

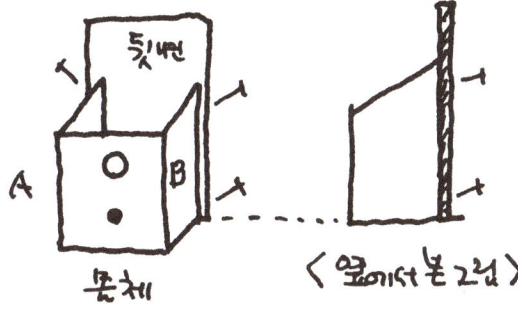

- 몸체를 뒷면과 맞춘 후 못 박을 곳을 표시한다.
- 뒷면 양쪽에 각각 2개씩 못 박을 구멍을 뚫는다.
- 옆면A와 B에 접착제를 바른 후 미리 뚫어 놓은 구멍에 각각 못을 박아 고정시킨다.
- ※ 주의: 뒷면 가로 길이가 몸체 가로 길이보다 길다는 점을 명심한다.

⑦ 지붕 만들기

- 폭 14cm, 길이 15cm의 지붕면을 1장 만든다.
- 지붕기울기가 15°이므로 뒷면과 맞닿는 부분을 15° 각도로 잘라낸다.

⑧ 지붕 씌우기와 횃대 못 박기

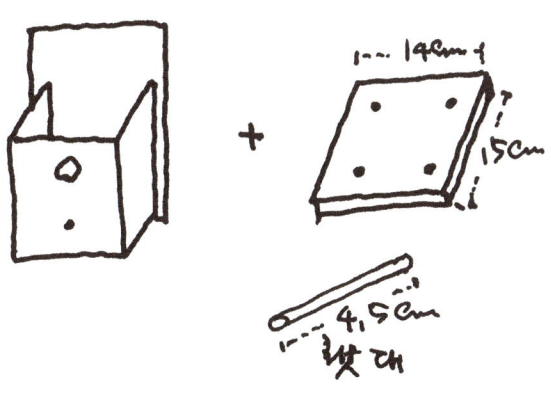

- 몸체에 맞추어 지붕면에 못 박을 구멍 4개를 뚫는다.
- 몸체 윗부분에 접착제를 바른 후 지붕면을 몸체에 맞추어 붙이고 못을 박아 완성한다.
- 지름 0.8~0.9mm, 길이 4.5cm의 원형막대기에 접착제를 바른 후 횃대 구멍에 끼워넣는다.
- 앞쪽으로 3cm 정도 나오도록 한다.

2층 새살림집 (지붕기울기 45°)

- 기본형 큰 새집과 작은 새집을 만들어 1층 큰 새집에 작은 새집을 올려놓은 형태이다.
- 새집 두 채를 짓는 데 어려움은 없다. 다만 2층 새집은 작기 때문에 작업이 힘들 수 있다.
- 따라서 2층 다락방 새집은 가급적 두께 1.5cm 이하의 판재를 사용하면 작업이 쉬워진다. 작은 새집에는 작아서 새가 들어갈 수 없다.

1. 1층 새살림집 만들기

① 앞면과 뒷면 만들기

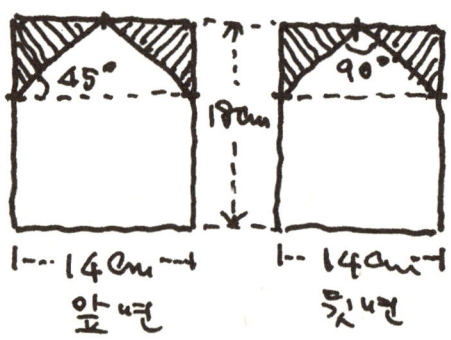

- 폭 14cm, 길이 18cm의 판재 2장을 만들고, 지붕기울기 45°로 잘라낸다.

② 앞면에 새집 출입구(구멍 만들기)

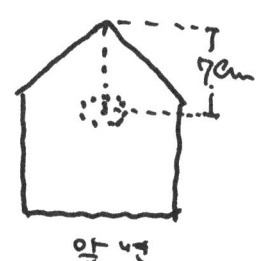

- 꼭짓점에서 수직으로 7cm 되는 지점에 반지름 1.5cm(지름 3cm)의 원을 그리고 잘라낸다.

③ 옆면A · B 만들기와 조립하기

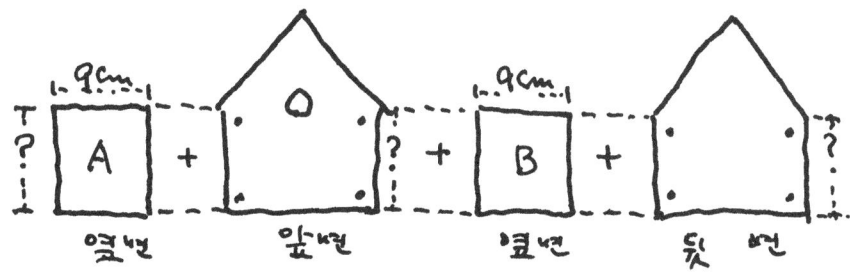

- 앞면과 뒷면 세로 길이(?)를 각각 잰 다음, 폭 9cm의 옆면 2장을 만든다.
- 앞면과 뒷면에 각각 4개씩 못 박을 구멍을 뚫는다.
- 옆면A와 B에 접착제를 바른 후 앞면에 맞추어 붙이고 못을 박는다.
- 나머지 옆면A와 B에 접착제를 바른 후 뒷면에 맞추어 붙이고 못을 박는다.

④ 지붕 만들어 씌우기

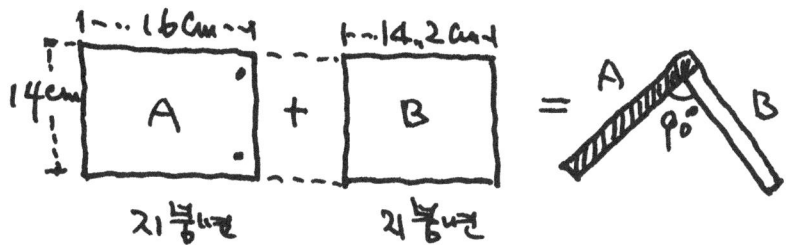

- 지붕면A와 B를 만든다.
- 지붕면A에 못 박을 구멍을 2개 뚫는다.
- 지붕면B에 접착제를 바른 후 지붕면A에 맞추어 붙이고 못을 박는다.

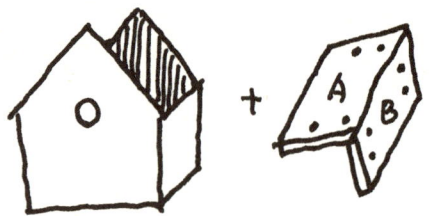

- 몸체에 맞추어 지붕면A와 B에 각각 4개씩 못 박을 구멍을 뚫는다.
- 몸체 처마선에 접착제를 바른 후 몸체에 맞추어 붙이고 못을 박는다.

⑤ 바닥 완성하기

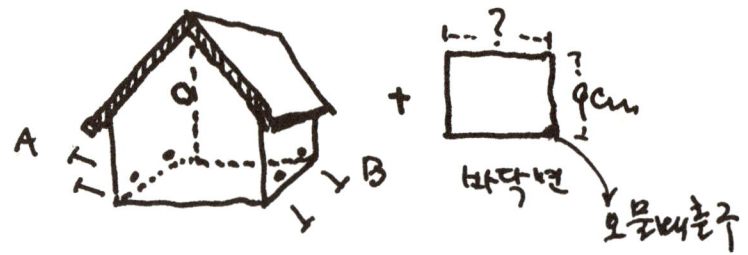

- 바닥의 가로 길이(?)를 잰 다음, 폭 9cm의 바닥면을 만든다.
- 바닥면 한구석을 잘라 오물배출구를 만든다.
- 옆면A와 B 아래쪽에 2개씩 못 박을 구멍을 뚫는다.
- 바닥면을 밀어넣고 옆면에서 못을 박아 완성한다.

2. 2층 작은 새집(다락방) 만들기(지붕기울기 45°)

① 앞면과 뒷면 만들기

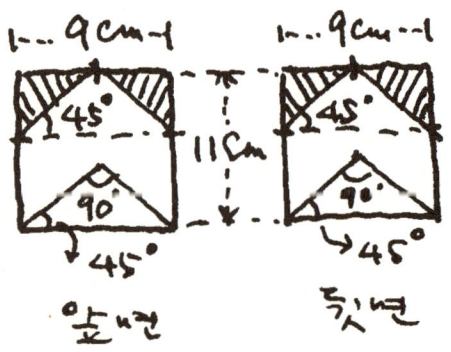

- 가로 9cm, 세로 11cm의 판재 2장을 만든다.
- 지붕기울기 45°이므로 앞면과 뒷면에서 그림과 같이 위아래로 잘라낸다.

② 옆면A·B 만들기와 조립하기

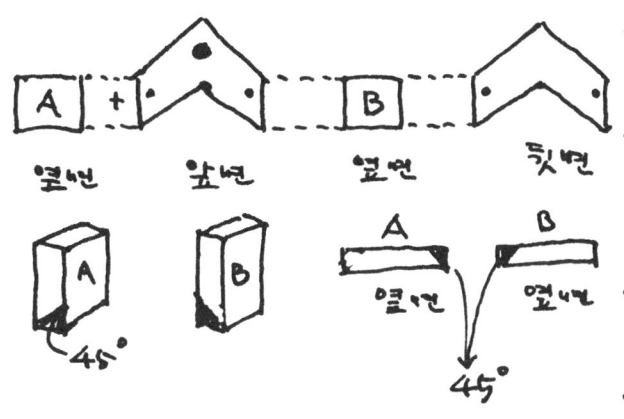

- 앞면 좌우 세로 길이를 각각 잰 후, 가로 4.5cm의 옆면 A와 B를 만든다.
- 1층 지붕의 기울기가 45°이므로 1층 지붕에 닿는 옆면A와 B의 아랫부분을 45° 각도로 잘라낸다.
- 앞면과 뒷면에 좌우 각각 1개씩 못 박을 구멍을 뚫는다.
- 옆면A와 B에 접착제를 바른 후 앞면과 뒷면에 맞추어 붙인 후 못을 박는다.

③ 지붕 만들어 씌우기

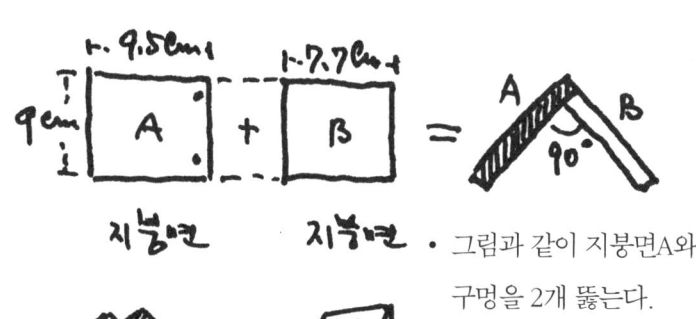

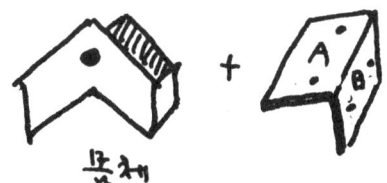

- 그림과 같이 지붕면A와 B를 만들고 지붕면A에 못 박을 구멍을 2개 뚫는다.
- 지붕면B에 접착제를 바른 후 지붕면A에 맞추어 못을 박는다.
- 몸체에 맞추어 지붕면A와 B에 각각 2개씩 못 박을 구멍을 뚫는다.
- 몸체 처마선에 접착제를 바른 후 지붕을 붙이고 못을 박는다.

④ 1층에 2층 작은 새집(다락방) 붙이기

- 1층 새집에 붙이기 위해 2층 작은 새집의 옆면A와 B 아래쪽에 각각 2개씩 못 박을 구멍을 뚫는다.
- 작은 새집 바닥선에 접착제를 바른 후 1층 지붕에 붙여 못을 박아 완성한다.

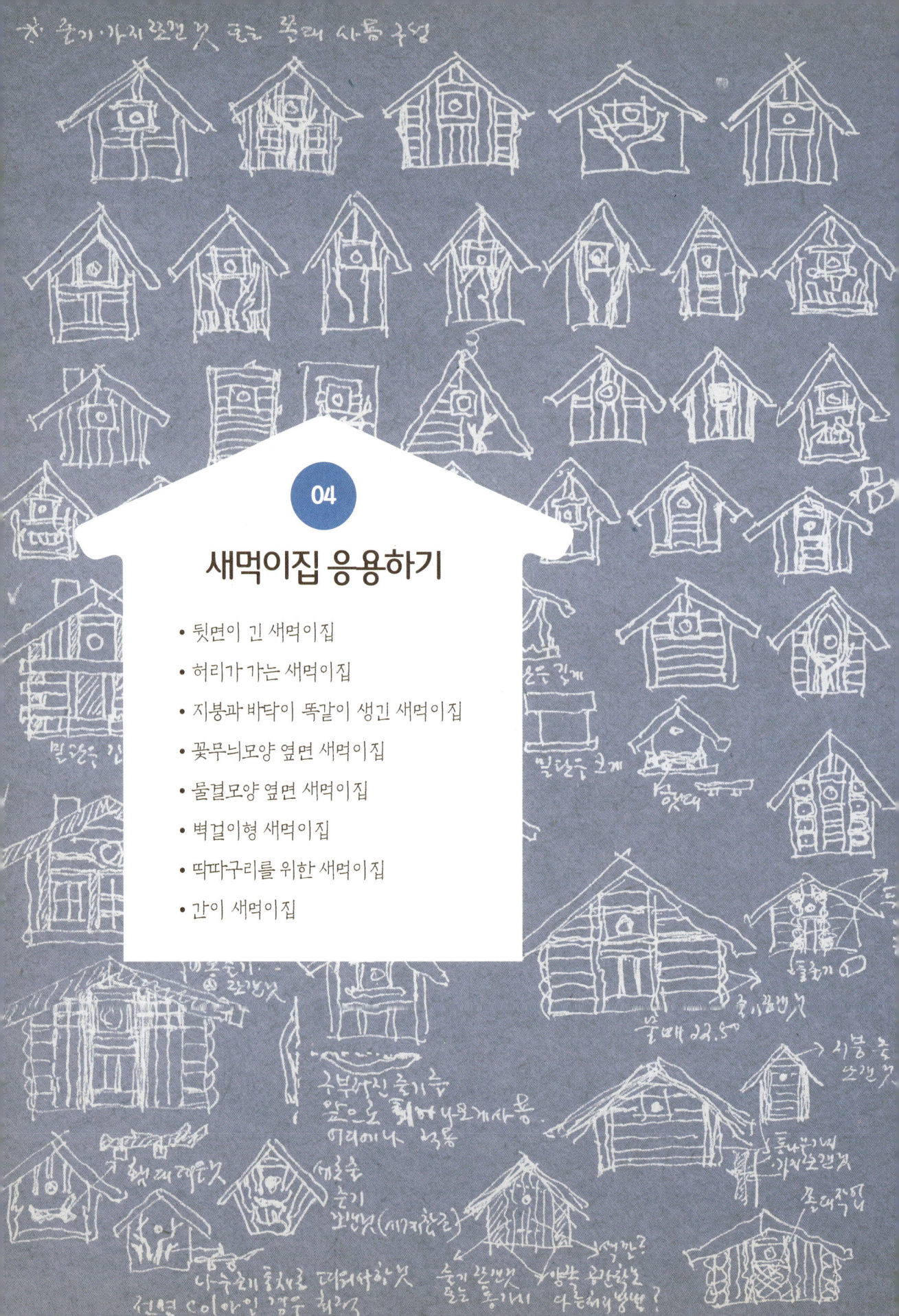

04 새먹이집 응용하기

- 뒷면이 긴 새먹이집
- 허리가 가는 새먹이집
- 지붕과 바닥이 똑같이 생긴 새먹이집
- 꽃무늬모양 옆면 새먹이집
- 물결모양 옆면 새먹이집
- 벽걸이형 새먹이집
- 딱따구리를 위한 새먹이집
- 간이 새먹이집

뒷면이 긴 새먹이집 (지붕기울기 45°)

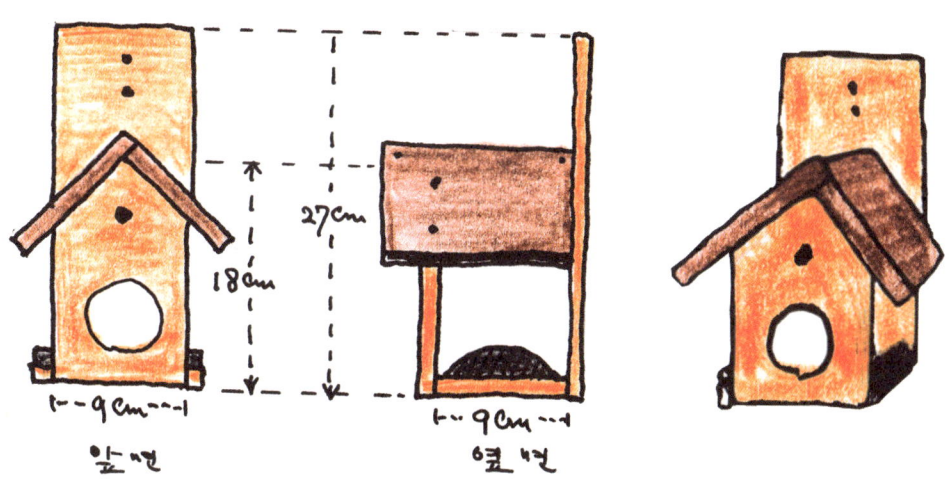

- 폭 9cm, 두께 1.8cm의 판재를 사용한다.
- 출입구가 세 방향이어서 새들이 자유스럽게 드나들 수 있다.

① 앞면과 뒷면 만들기

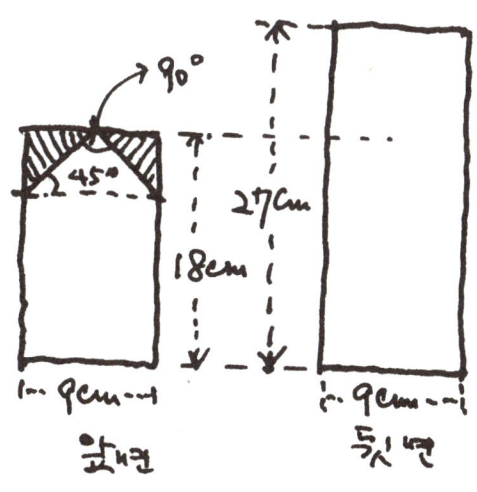

- 폭 9cm, 길이 18cm, 27cm로 판재를 잘라 앞면과 뒷면을 만든다.
- 지붕기울기 45°이므로 그림과 같이 잘라 앞면을 만든다.

② 앞면에 출입구 뚫기

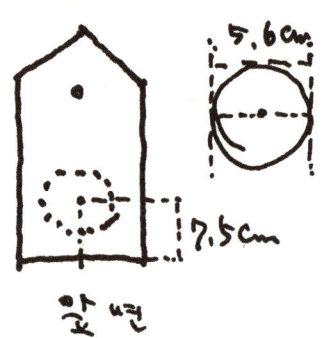

- 앞면 바닥선 중간지점에서 위로 수직으로 7.5cm 지점에 반지름 2.8cm(지름 5.6cm)의 원을 그리고 잘라내어 출입구를 만든다.

③ 앞뒷면에 바닥면 붙이기

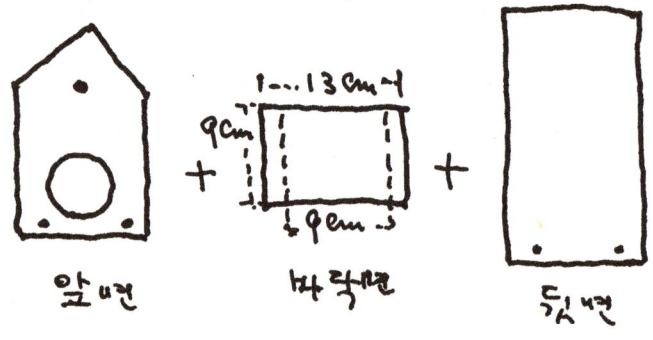

- 폭 9cm, 길이 13cm의 바닥면을 만든다.
- 바닥면을 붙이기 위해 앞면과 뒷면 아래쪽에 각각 2개씩 구멍을 뚫는다.
- 바닥면 가로 길이 양쪽에 접착제를 바른 후 앞면과 뒷면에 맞추어 각각 못을 박는다.

④ 횃대 만들어 붙이기

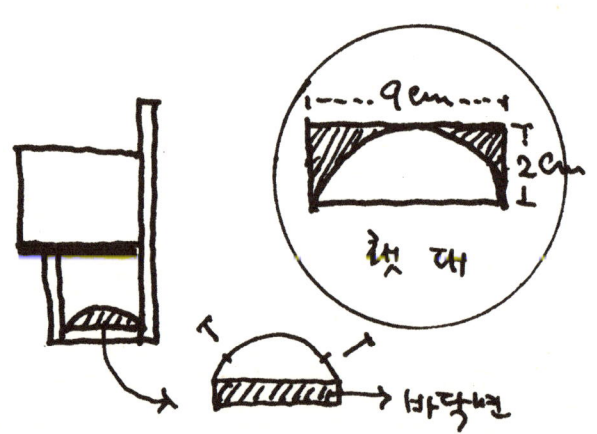

- 폭 2cm, 길이 9cm의 판재를 2장 만든다.
- 그림과 같이 반타원형을 그려 잘라내어 횃대를 2개 만든다.
- 횃대에 각각 2개씩 작은 구멍을 뚫고 접착제를 바른다.
- 바닥 양쪽 끝에 붙이고 작은 못을 박아 횃대를 고정시킨다.

⑤ 지붕 만들기

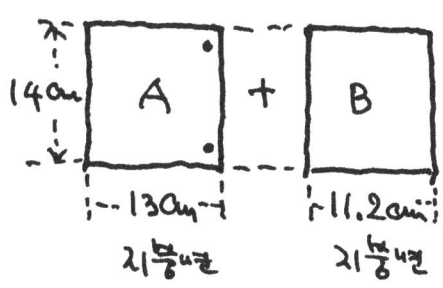

- 지붕면A와 B를 만든다.
- 지붕면B에 접착제를 바른 후 지붕면A에 맞추고 못을 박는다.

⑥ 지붕 씌우기

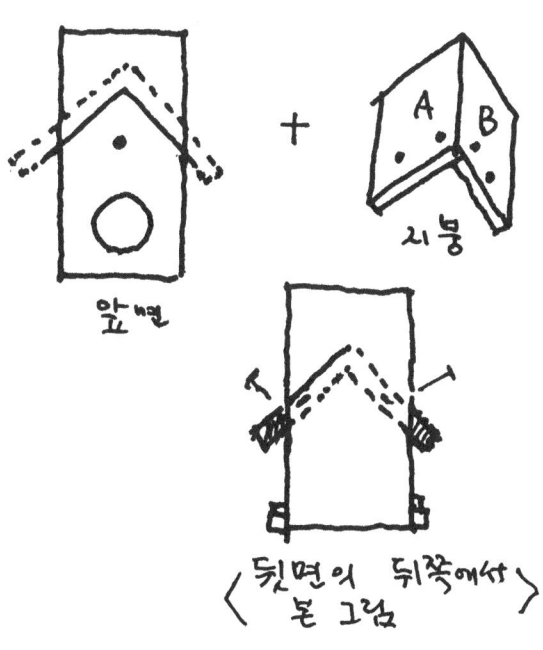

- 몸체 처마선에 맞추어 지붕면A와 B에 각각 2개씩 못 박을 구멍을 뚫는다.
- 몸체 처마선에 접착제를 바른 후 몸체에 지붕을 붙인다.
- 지붕선이 평행이 되도록 뒷면 쪽으로 바짝 밀고 미리 뚫어놓은 구멍에 각각 못을 박는다.
- 새집을 뒤집어놓고 지붕 처마선이 닿는 뒷면 좌우 양쪽에 1개씩 구멍을 뚫고 못을 박아 새먹이집을 완성한다.

허리가 가는 새먹이집 (지붕기울기 30°)

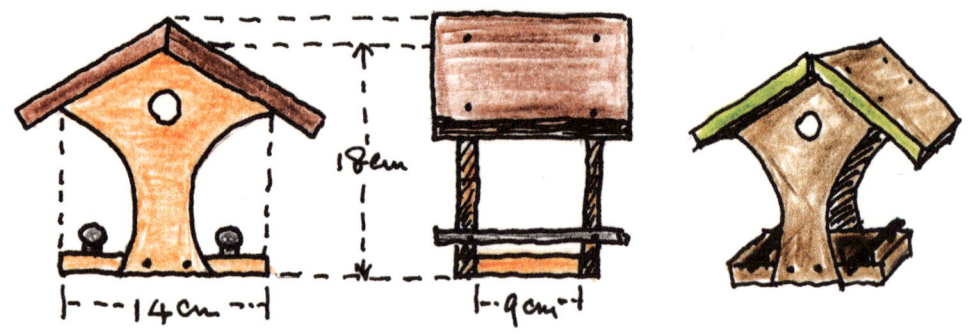

- 폭 14cm, 9cm, 두께 1.8cm의 판재를 사용한다.
- 그림과 같이 다양한 형태의 새집이 나올 수 있다.
- 새들이 좋아하는 새먹이집 중의 하나다.

① 앞면과 뒷면 만들기

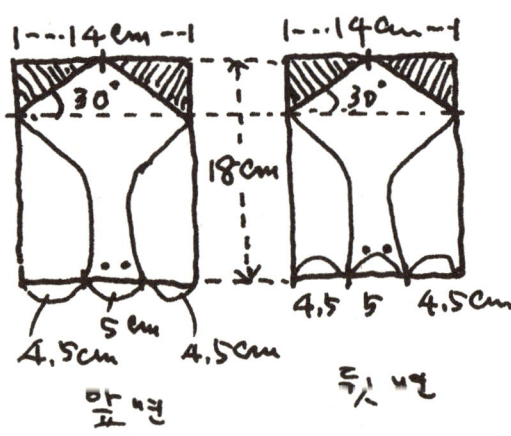

- 폭 14cm, 길이 18cm의 판재 2장을 만든다.
- 지붕기울기 30°로 잘라낸다.
- 앞면과 뒷면 바닥선 좌우 4.5cm 되는 지점과 처마선 좌우 끝 지점을 각각 타원형으로 연결하여 그림과 같이 잘라내어 앞면과 뒷면을 만든다.
- 바닥면을 붙이기 위해 앞면과 뒷면 아랫부분에 못 박을 구멍을 각각 2개씩 뚫는다.

② 앞면과 뒷면에 바닥면 붙이기

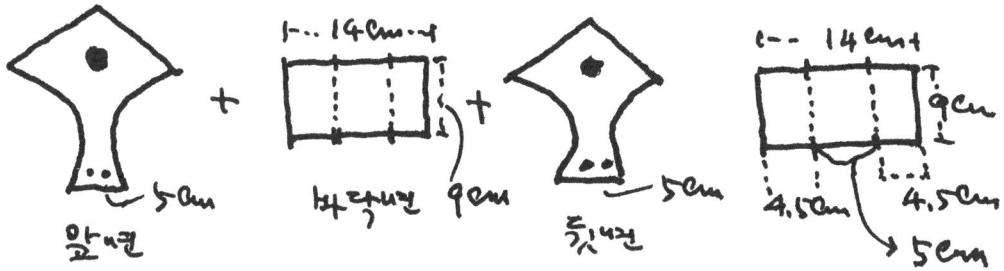

- 폭 9cm, 길이 14cm의 바닥면 1장을 만든다.
- 바닥면에 접착제를 바른 후 앞면과 뒷면을 각각 바닥면 양쪽 가운데 오도록 붙이고 못을 박는다.

③ 지붕 만들기

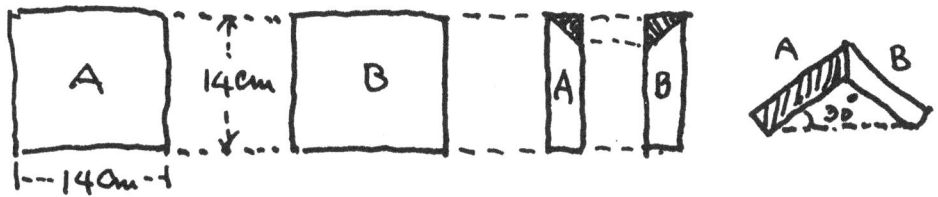

- 가로 세로 각각 14cm의 지붕면 2장을 만든다.
- 지붕기울기가 30°이므로 지붕면A와 B가 만나는 부분을 30° 각도로 잘라낸다.

④ 지붕 씌우기

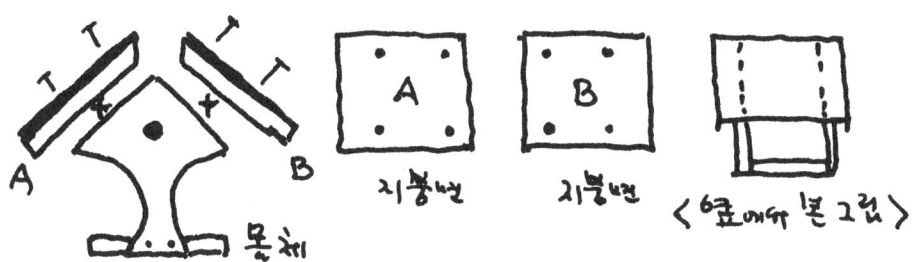

- 지붕면을 붙이기 위해 지붕면A와 B에 각각 4개씩 구멍을 뚫는다.
- 앞면과 뒷면의 처마선에 접착제를 바른다.

- 몸체 처마선에 먼저 지붕면A를 붙이고 못을 박는다. 나머지 몸체 처마선에 지붕면B를 붙여 지붕을 완성한다.

※ 주의: 앞면과 뒷면 쪽으로 나온 지붕의 길이가 같도록 한다.

⑤ 횃대 붙이기

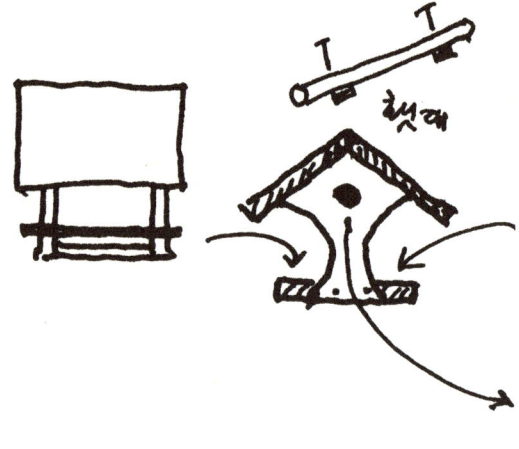

- 지름 8mm, 길이 14cm의 원형 횃대 2개를 준비한다.
- 그림과 같이 횃대와 받침대를 붙이기 위해 한꺼번에 못 박을 구멍을 뚫는다.
- 그림과 같이 접착제를 각각 바르고 바닥면 좌우 양쪽에 횃대와 받침대를 붙이고 못을 박아 완성한다.
- 지름 3cm 또는 4cm의 원을 그려, 구멍을 뚫지 말고 색칠하는 것으로 끝낸다.

지붕과 바닥이 똑같이 생긴 새먹이집 (지붕기울기 45°)

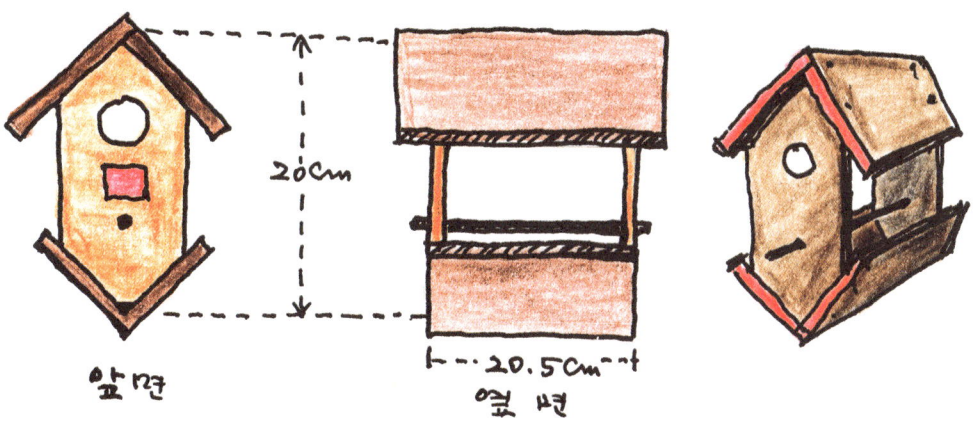

- 폭 9cm, 14cm, 두께 1.8cm의 판재를 사용한다.
- 새집 바닥이 지붕과 똑같이 생긴 새먹이집이다.

① 앞면과 뒷면 만들기 및 구멍 뚫기

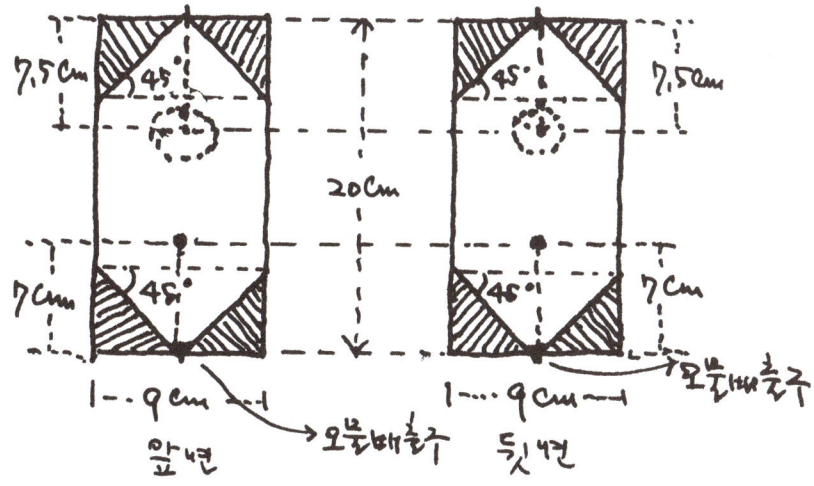

- 폭 9cm, 길이 20cm의 판재 2장을 만든다.
- 지붕기울기 45°로 그림과 같이 잘라낸다.

- 앞면과 뒷면 각각 위 꼭짓점에서 수직으로 7.5cm 되는 곳에 반지름 2.3cm의 원을 그리고 잘라낸다.
- 앞면과 뒷면 각각 아래 꼭짓점에서 수직으로 7cm 되는 곳에 지름 0.8~1cm 구멍을 뚫는다.

② 지붕 만들기

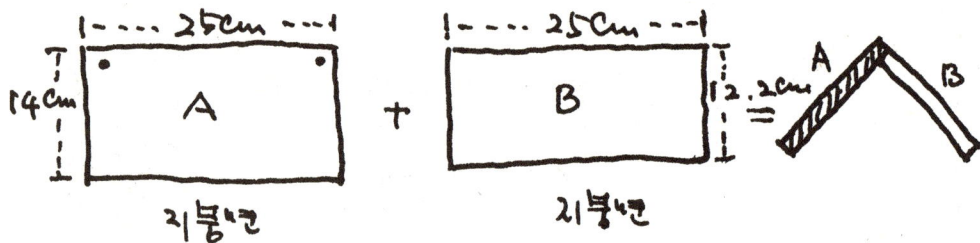

- 폭 14cm, 길이 25cm의 지붕면A와 폭 12.2cm, 길이 25cm의 지붕면B를 만든다.
- 지붕면A에 못 박을 구멍을 2개 뚫는다.
- 지붕면B에 접착제를 바른 후 지붕면A에 맞추어 붙이고 못을 박는다.

③ 바닥 만들기

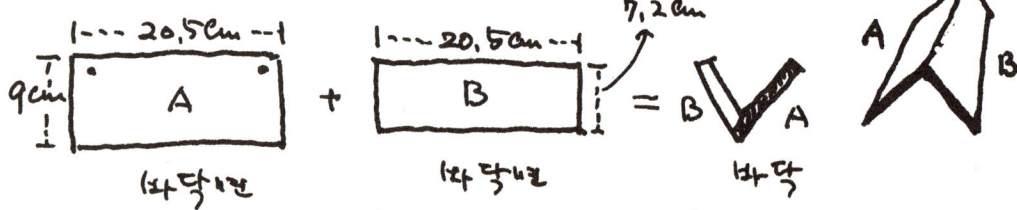

- 폭 9cm, 길이 20.5cm의 바닥면 A와 폭 7.2cm, 길이 20.5cm의 바닥면B를 만든다.
- 바닥면A에 못 박을 구멍을 2개 뚫는다.
- 바닥면B에 접착제를 바른 후 바닥면A에 맞추어 붙이고 못을 박는다.

④ 바닥 붙이기

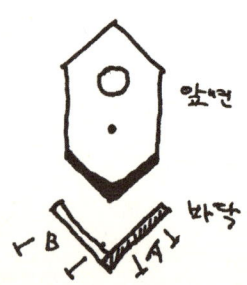

- 앞면 아래 바닥선에 맞추어 바닥면A와 B에 각각 2개씩 못 박을 구멍을 뚫는다.
- 뒷면 아래 바닥선에 맞추어 바닥면A와 B에 각각 2개씩 못 박을 구멍을 뚫는다.

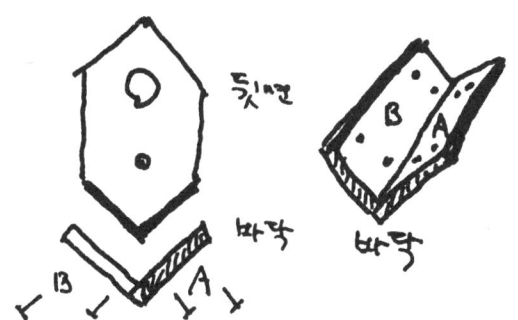

- 앞면과 뒷면 바닥선 양쪽에 각각 접착제를 바른다.
- 앞면과 뒷면 바닥선에 맞추어 바닥을 붙이고 못을 박아 바닥을 완성한다.

⑤ 지붕 씌우기

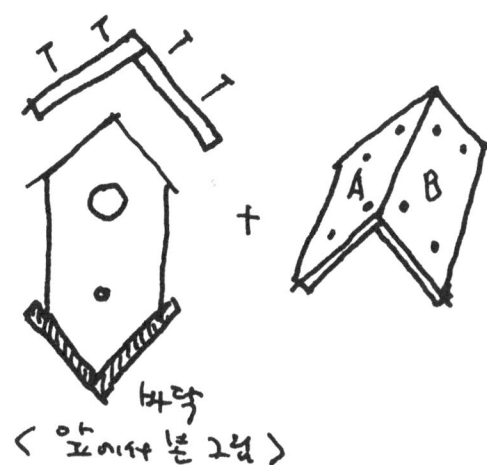

- 몸체에 지붕을 올려놓고 못 박을 곳을 표시한 후 지붕면 A와 B에 각각 4개씩 못 박을 구멍을 뚫는다. 이때 앞면과 뒷면 쪽으로 나올 지붕의 길이는 같게 한다.
- 지붕을 몸체에 올려놓고 앞면과 뒷면 처마에 접착제를 바른 후 못을 박아 고정시킨다.

⑥ 횃대 달기

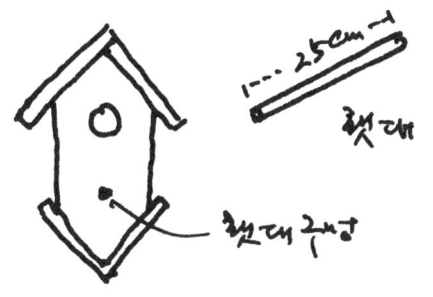

- 횃대에 접착제를 바른 후 이미 뚫어놓은 구멍에 횃대를 고정시켜 새집을 완성한다. 횃대의 지름은 0.9~1.1cm이다.

꽃무늬모양 옆면 새먹이집 (지붕기울기 45°)

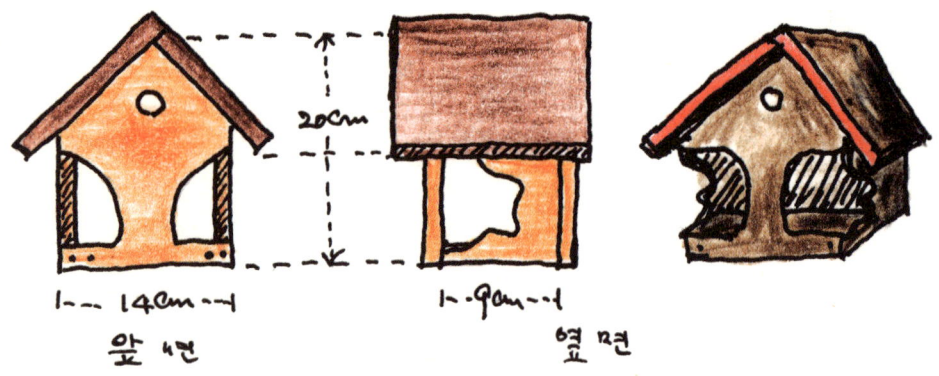

- 폭 9cm, 14cm, 두께 1.8cm의 판재를 사용한다.

① 앞면과 뒷면 만들기

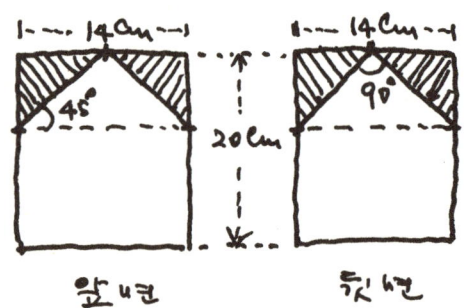

- 폭 14cm, 길이 20cm의 판재 2장을 만든다.
- 지붕기울기 45°로 잘라낸다.

② 앞면 손질하기

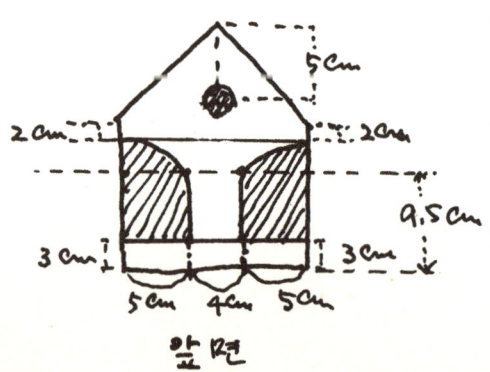

- 앞면 꼭짓점에서 수직으로 5cm 지점에 반지름 1.5cm(지름 3cm)인 원을 그리고 잘라낸다.
- 처마선 양쪽 끝지점에서 아래쪽으로 2cm 지점을 표시하고 수평으로 선을 긋는다.
- 바닥선 양쪽 끝지점에서 위로 3cm 되는 지점에 수평으로 선을 긋는다.

- 바닥선 양쪽 끝지점에서 위로 9.5cm 되는 지점에 수평으로 선을 긋는다.
- 바닥선 끝에서 좌로 5cm, 우로 5cm 되는 지점을 각각 표시한다.
- 좌우 각각 그림과 같이 표시된 부분을 연결하여 잘라내고 앞면의 손질을 마무리한다.

③ 옆면A · B 만들기

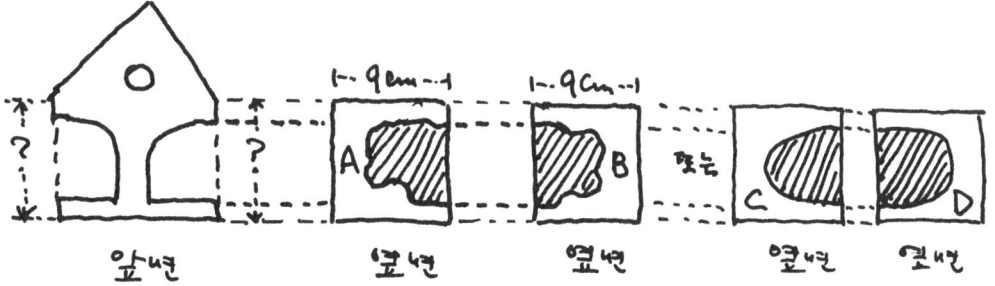

- 양쪽 처마 끝에서 바닥선까지의 길이(?)를 잰 다음, 폭 9cm의 판재 2장을 만든다.
- 그림과 같이 잘라내어 옆면A와 B를 만든다. 좀 힘이 든다면 C · D와 같이 잘라내어 옆면을 만들 수도 있다.

④ 옆면과 앞 · 뒷면 붙이기

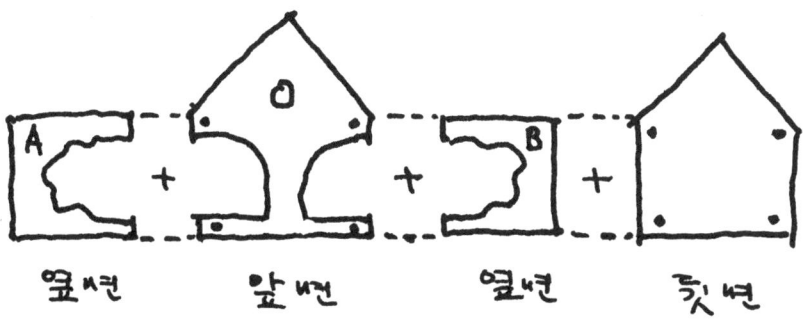

- 앞면과 뒷면 좌우에 그림과 같이 각각 4개씩 못 박을 구멍을 뚫는다.
- 옆면A와 B에 각각 접착제를 바른 후 앞면에 맞추어 붙여 못을 박는다.
- 나머지 옆면A와 B에, 접착제를 바른 뒷면을 앞면에 맞추어 붙이고 각각 못을 박는다.

⑤ 바닥면 붙이기

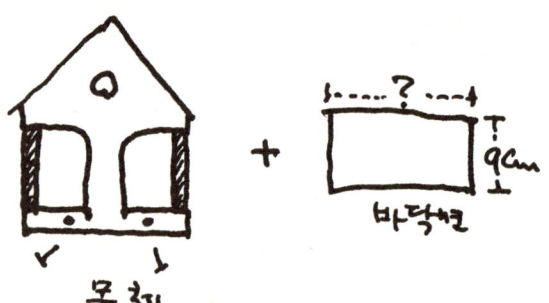

- 몸체의 바닥 가로 길이(?)를 잰 다음, 폭 9cm의 바닥면을 만든다.
- 앞면과 뒷면 아래쪽에 각각 2개씩 못 박을 구멍을 뚫는다.
- 바닥면에 접착제를 바른 후 못을 박아 고정시킨다.

⑥ 지붕 만들기

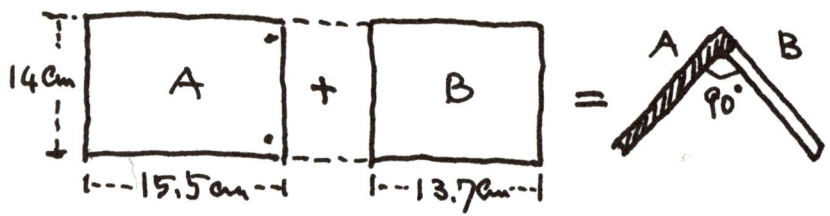

- 폭 14cm 판재로 길이 15.5cm, 13.7cm로 잘라 지붕면A와 B를 만든다.
- 지붕면A에 못 박을 구멍을 2개 뚫는다.
- 지붕면B에 접착제를 바른 후 지붕면A에 맞추어 못을 박는다.

⑦ 지붕 씌우기

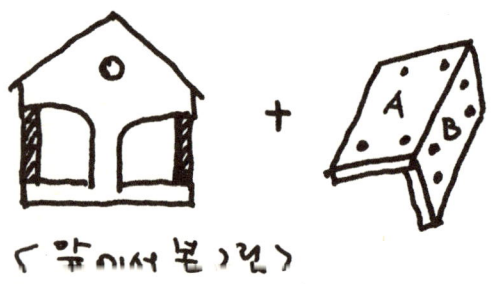

- 몸체에 맞추어 지붕면A와 B에 각각 4개씩 못 박을 구멍을 뚫는다.
- 몸체의 처마에 접착제를 바른 후 지붕을 붙여 못을 박아 완성한다.

※ 주의: 지붕은 앞면 쪽으로 조금 길게 나오게 한다.

물결모양 옆면 새먹이집 (지붕기울기 30°)

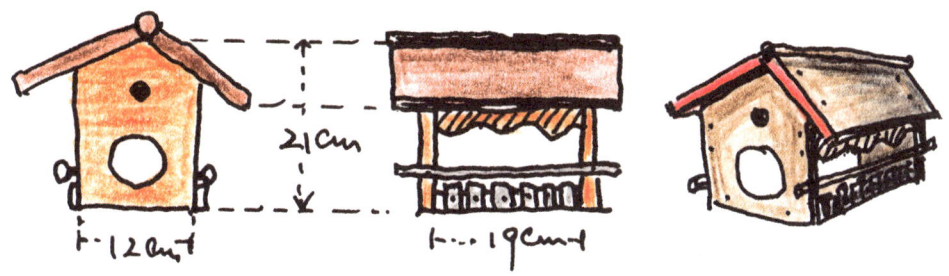

- 폭 12cm, 두께 1.8~2.0cm의 판재를 사용한다.
- 새먹이집을 더 크게 만들어도 좋다. 세로 높이와 가로 폭을 조금씩 늘여도 보기가 좋다.

① 앞면과 뒷면 만들기

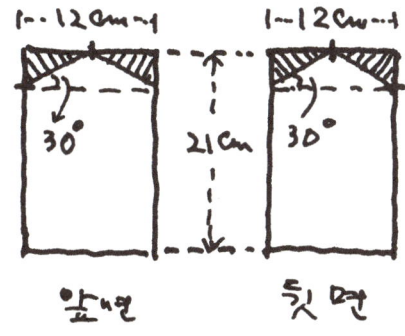

- 폭 12cm, 길이 21cm의 판재 2장을 만든다.
- 지붕기울기 30°로 잘라내어 앞면과 뒷면을 만든다.

② 앞면과 뒷면에 구멍 뚫기

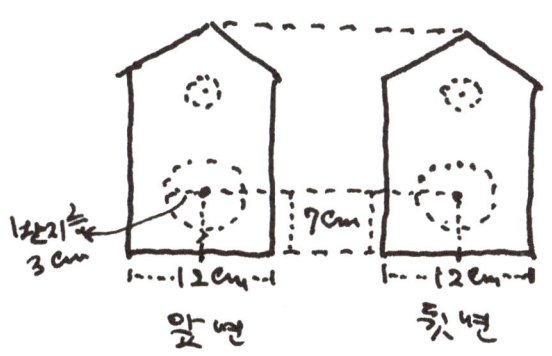

- 앞면과 뒷면 각각 바닥선 중간지점에서 수직으로 7cm 되는 곳에 반지름 3cm(지름 6cm)의 원을 그리고 잘라낸다.
- 앞면과 뒷면 윗부분 적당한 지점에 지름 3cm(반지름 1.5cm)의 구멍을 뚫는다. 구멍을 뚫는 대신 지름 3~4cm 원을 그려 색칠을 해도 좋다.

③ 바닥 붙이기

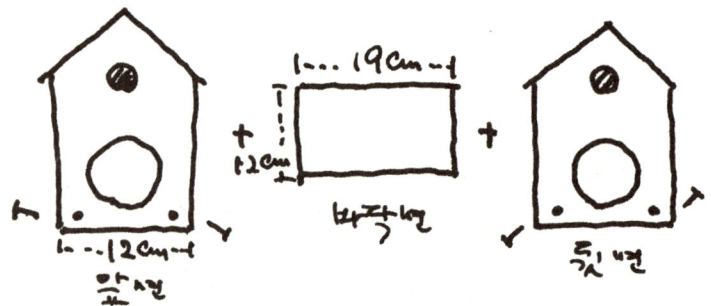

- 폭 12cm, 길이 19cm의 바닥면을 1장 만든다.
- 앞면과 뒷면 바닥선에 각각 2개씩 못 박을 구멍을 뚫는다.
- 바닥면에 접착제를 바른 후 앞면에 맞추어 붙이고 못을 박는다.
- 바닥면에 접착제를 바른 후 뒷면에 맞추어 붙이고 못을 박는다.

④ 옆면A · B 만들기와 붙이기

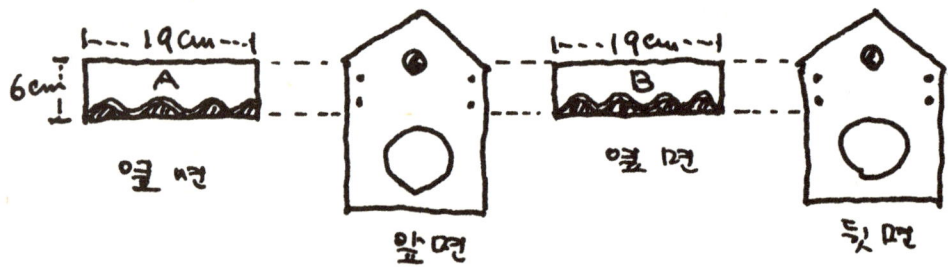

- 폭 6cm, 길이 19cm의 판재 2장을 만든다.
- 그림과 같이 물결모양으로 그린 후 잘라내어 옆면A와 B를 만든다.
- 옆면을 붙이기 위해 앞면과 뒷면 윗부분 좌우 양쪽에 각각 2개씩 못 박을 구멍을 뚫는다.
- 옆면A와 B에 접착제를 바른 후 앞면에 맞추어 붙이고 못을 박는다.
- 나머지 옆면A와 B에 접착제를 바른 후 뒷면에 맞추어 붙이고 못을 박는다.

⑤ 바닥 양쪽에 졸대 붙이기

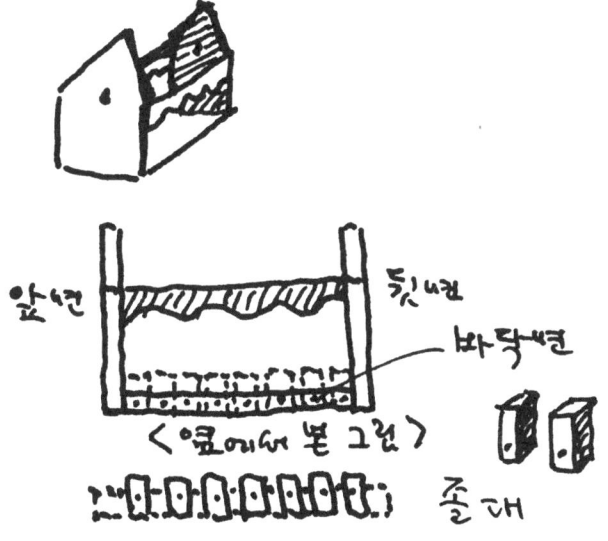

- 폭 2cm, 두께 0.5~2cm, 길이 3.5cm의 졸대를 20개 준비한다.
- 각 졸대마다 바닥면에 맞추어 미리 못 박을 구멍을 뚫어놓는다.
- 각 졸대 뒷면에 접착제를 바른 후 바닥면 아랫선에 맞추어 붙이고, 작은 못을 박아 고정시킨다.
- 반대편에도 똑같이 작업한다.

⑥ 바닥 양쪽에 횃대 붙이기

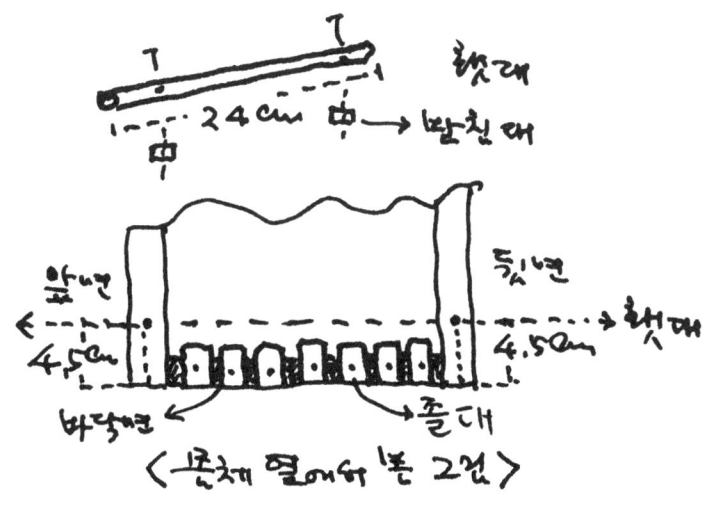

- 지름 1.2cm, 길이 24cm의 원형막대기 2개를 준비한다.
- 앞면과 뒷면 각각 바닥면에서 위로 직각으로 4.5cm 되는 지점에 횃대를 붙인다.
- 횃대 좌우로 못 박을 구멍을 좌우 1개씩 뚫고 접착제를 바른 후 받침대를 붙인다. 앞·뒷면에 맞추어 못을 박아 고정시킨다. 반대쪽도 똑같이 작업한다.

⑦ 지붕 만들어 씌우기

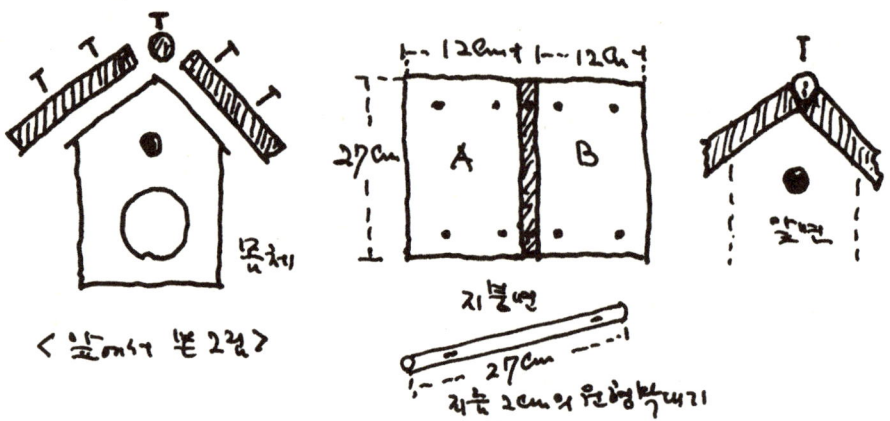

- 폭 12cm, 길이 27cm 지붕면 2장을 만든다.
- 앞면과 뒷면 처마선이 맞닿는 지붕면A와 B에 각각 4개씩 못 박을 구멍을 뚫는다. 지붕은 앞·뒷면 쪽으로 똑같이 나오도록 한다.
- 앞·뒷면 처마선에 접착제를 바른 후 앞·뒷면 꼭짓점에 맞추어 붙이고 각각 못을 박아 고정 시킨다.
- 지붕면A와 B사이에 접착제를 바른 후 원형막대기를 집어넣는다.
- 앞·뒷면 처마 꼭짓점에 맞추고 구멍을 뚫고 못을 박아 완성한다.

벽걸이형 새먹이집 (지붕기울기 45°)

- 앞판에 지붕과 테라스를 붙이고 벽에 거는, 손쉽게 만들 수 있는 새먹이집이다.
- 새들의 입장에서 보면 세 방향으로 장애물이 없어, 아마도 새들이 가장 좋아할 새집이다.
- 이 새먹이집은 판재의 폭이나 길이에 구애받지 않고 주어진 판재 조건에 맞추어 자유롭게 만들 수 있다.

① 앞판 만들기

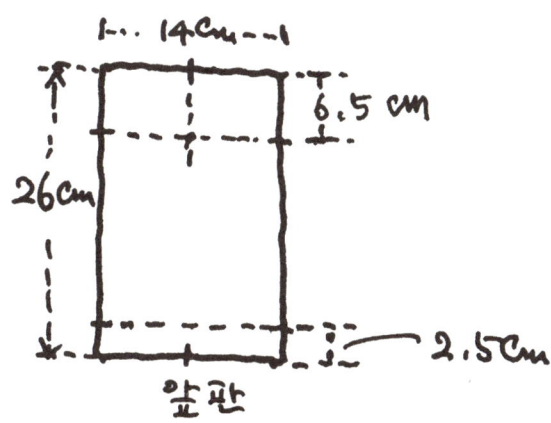

- 폭 14cm, 길이 26cm의 앞판을 만든다.
- 가로로 중간지점에서 아래로 수직선을 그리고 좌우 6.5cm 지점에 수평으로 선을 긋는다.
- 바닥선에서 위로 2.5cm 되는 지점에 수평으로 선을 긋는다.

② 지붕 만들기

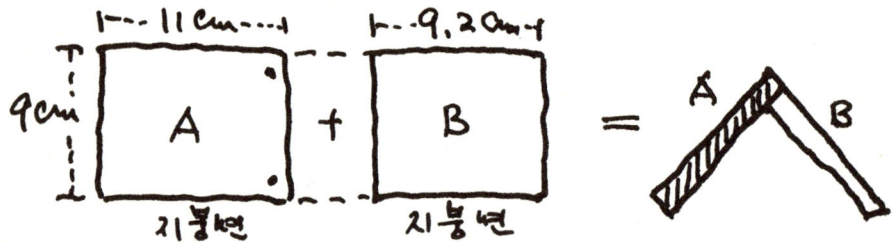

- 지붕면A에 못 박을 구멍을 2개 뚫는다.
- 지붕면B에 접착제를 바른 후 지붕면A에 맞추어 못을 박는다.

③ 테라스(먹이대) 붙이기

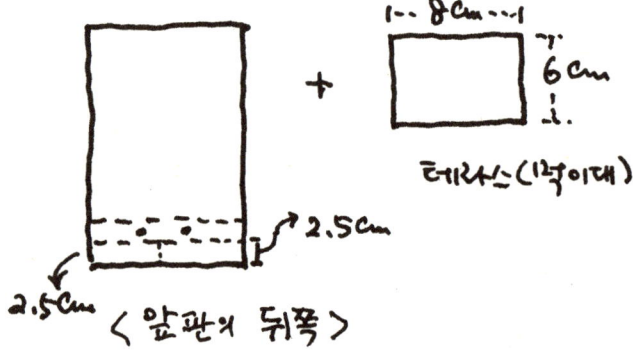

- 가로 8cm, 세로 6cm의 테라스(먹이대)를 만든다.
- 앞판의 뒷면 좌우 2.5cm 되는 지점에 그림과 같이 수평으로 선을 긋는다.
- 테라스(먹이대)를 이 수평선에 붙이기 위해 앞판의 뒤쪽에서 못 박을 구멍을 2개 뚫는다.
- 테라스에 접착제를 바른 후, 앞판의 앞쪽 2.5cm의 수평선상에 붙인다.
- 앞판을 뒤집어놓고 미리 뚫어놓은 구멍에 못을 박아 테라스를 고정시킨다.

④ 지붕 붙이기

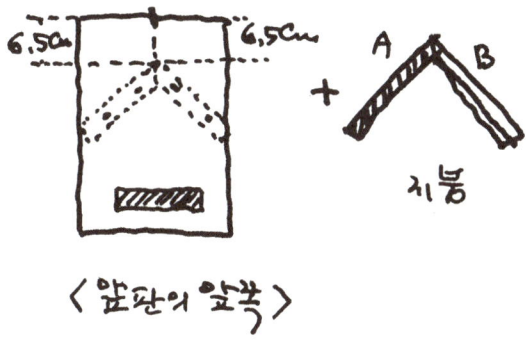

- 그림과 같이 수평과 수직선이 만나는 지점에 처마 꼭짓점을 맞추고 지붕을 그대로 그린다.
- 지붕을 붙이기 위해 각각 2개씩 못 박을 구멍을 뚫는다.
- 접착제를 바른 후 지붕을 앞판 앞쪽에 그린 그림에 맞추어 붙인다.
- 약 10분 후 앞판을 뒤집어놓고 이미 뚫어놓은 구멍에 못을 박는다.

⑤ 졸대 붙이기

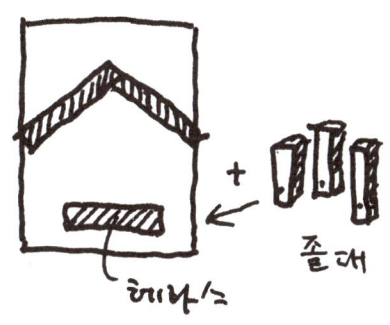

- 폭 1~2cm, 두께 0.5~2cm, 길이 3.5cm 정도의 졸대를 많이 만든다.
- 졸대는 테라스(먹이대)에 맞추어 미리 못 박을 구멍을 뚫어둔다.
- 졸대 뒷면에 접착제를 바른 후 테라스 아랫선에 맞추어 작은 못을 박아 고정시켜 완성한다.

※ 주의: 졸대(또는 횃대)의 두께나 크기에는 아무런 제한이 없다. 평소에 미리 준비해두면 매우 유용하게 쓰인다.

딱따구리를 위한 새먹이집 (지붕기울기 45°)

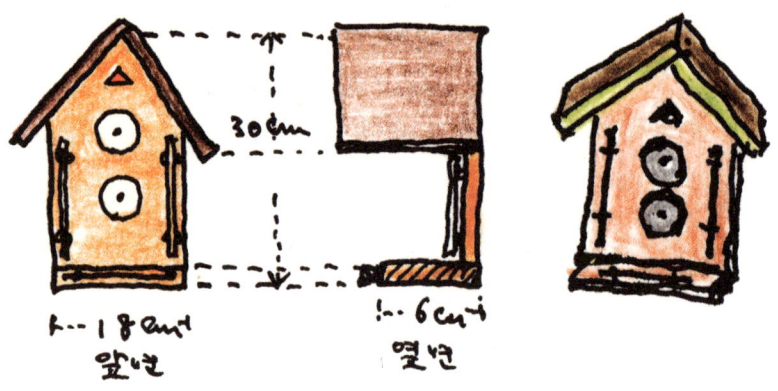

- 딱따구리 종류는 동고비나 박새보다 몸집이 크고, 먹이를 먹을 때는 수직으로, 혹은 거꾸로 수직으로 서서 먹이를 먹는 습성이 있다.
- 여기에 맞추어서 새먹이집을 크게 지어주고 횃대는 3개씩 붙여 준다.
- 가로 세로 길이가 조금 길거나 짧아도 무방하다. 판자 두께는 2cm가 무난하다.

① 앞판 만들기

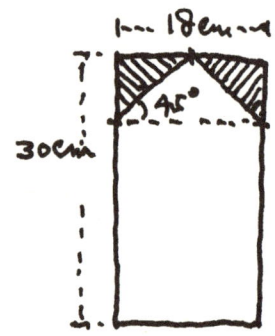

② 지붕 만들기

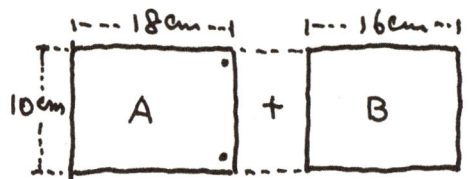

- 폭 18cm, 길이 40cm 의 판재 1장을 만든다.
- 지붕면A에 못 박을 구멍을 2개 뚫는다.
- 지붕면B에 접착제를 바른 후 지붕면A에 맞추어 못을 박는다.

③ 테라스(먹이대) 붙이기

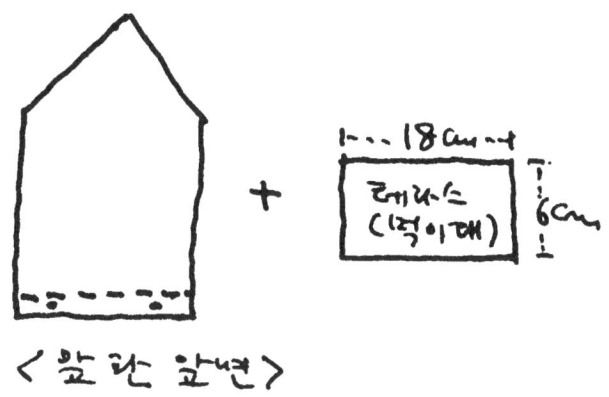

- 가로 18cm, 세로 6cm의 테라스(먹이대) 1장을 만든다.
- 앞판 앞쪽 바닥선에 맞추어 테라스를 붙일 곳에 못 박을 구멍을 2개 뚫는다.
- 테라스에 접착제를 바른 후 앞판을 뒤집어놓고 앞판의 바닥선에 맞추어 못을 박는다.

④ 횃대 3개 붙이기

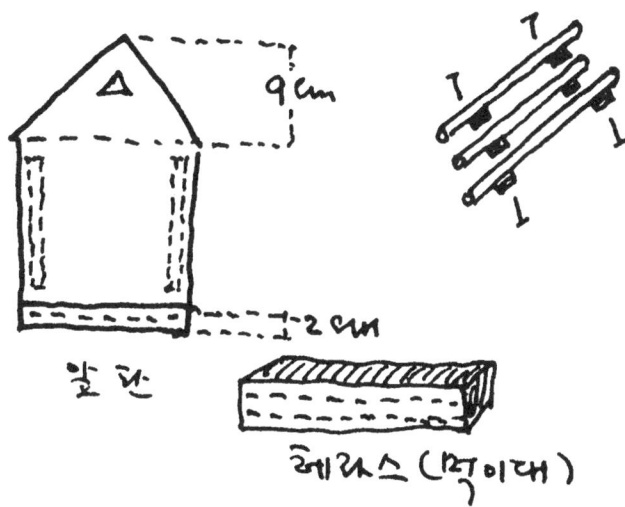

- 지름 1.0~1.2cm, 길이 16cm 횃대 2개, 길이 18cm 횃대 1개를 준비한다.
- 각 횃대에 들어갈 받침대 2개를 준비하여 함께 못 박을 구멍을 뚫어놓는다.
- 길이 16cm의 횃대는 받침대에 접착제를 바른 후 앞판 좌우 세로선에 바짝 붙여 각각 못을 박아 고정시킨다.
- 길이 18cm의 횃대는 테라스 앞쪽의 받침대에 접착제를 바른 후 못을 박아 고정시킨다.

⑤ 먹이꽂이 붙이기

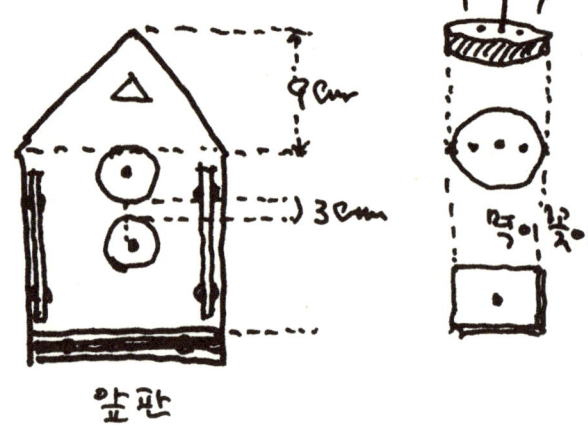

- 먹이꽂이 받침대는 지름 4~5cm 원형이나 직사각형으로 하며 두께는 0.5~0.7cm가 적당하다. 2개 준비한다.
- 먹이꽂이 받침대 중심에 구멍을 뚫고 못의 뾰족한 부분이 위로 가도록 박는다(못은 1.5인치, 즉 3.8cm).
- 받침대를 고정하기 위해 못 박을 구멍을 각각 2개씩 뚫은 후 그림과 같은 위치에 작은 못을 박아 고정시킨다. 접착제를 꼭 바르도록 한다.

⑥ 지붕 씌워 완성하기

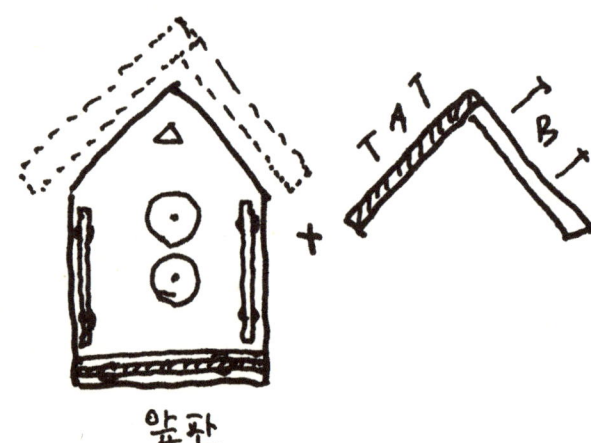

- 지붕면A와 B에 각각 2개씩 못 박을 구멍을 뚫는다.
- 앞판의 처마선에 접착제를 바른 후 처마선에 맞추어 지붕을 올려놓고 못을 박아 완성한다.
- 지붕의 뒤쪽 처마선이 앞판의 뒤쪽 처마선과 일치하도록 한다.

간이 새먹이집

- 새먹이집이 많이 필요한 경우에 그림과 같이 손쉽게 간이 새먹이집을 만들면 된다.
- 폭 14cm, 또는 폭 9cm의 판재를 써서 만든다.
- 목재의 폭이나 크기에 관계없이 갖고 있는 판재를 손질해서 만들면 된다.
- 어떤 면에서는 새들이 가장 안전하다고 느끼는 새집이 바로 이 간이 새먹이집이라고 할 수 있다. 지붕을 씌우고 모양을 내는 것은, 새들의 입장에서 본다면 인간의 쓸데없는 허영심의 발로라고 할 것 같다.
- 가장 자유스럽고 또 볼품없으면서도 새들에게 가장 환영받는 것이 이 간이 새먹이집이다.
- 쇠기름 덩이를 꽂아주면 훌륭한 새먹이집 역할을 담당한다.

05 새집 모양내기

- 새집 칠 재료와 칠하기
- 새집 치장하기 1
- 새집 치장하기 2
- 새집 치장하기 3

새집 칠 재료와 칠하기

새집을 짓고 나면 새집에 여러 가지 색을 칠을 하고 싶다는 유혹에 빠져든다. 나무 본연의 깊고 우아한 맛을 풍기는 자연 그대로의 색감이 좋기는 하지만 때로는 한두 가지의 강한 톤으로 포인트를 강조한 새집은 또 다른 풍경을 연출한다. 재료의 특성에 맞추어 새집에 색을 입히는 것도 또 하나의 커다란 즐거움이다.

① 오일스테인

- 오일스테인(oil stain)은 햇빛의 자외선을 차단시켜주므로 나무 보존재로 많이 쓰인다. 일반 목조주택의 칠 재료로 일반 페인트보다 많이 쓰이며, 누구나 쉽게 칠할 수 있고, 빨리 마른다는 장점이 있다.

- 미국제 · 독일제 · 국산제품이 시장에 많이 나와 있으며 1갤런(약 3.8 l)짜리가 가장 많다. 여러 종류의 색깔이 있으나 새집 칠하기에 많이 사용하는 것은 짙은 밤색(dark brown), 올리브그린(olive green), 나뭇결을 그대로 살려주는 투명색(clear) 세 종류이다.

- 오일스테인은 말 그대로 오일(기름)에 색깔이 있는 분말이 섞여 있는 것이므로, 잘 저어서(섞어서) 사용한다.

- 한 가지 색으로 새집 전체를 칠해줄 수도 있고, 지붕에는 밤색이나 올리브그린을, 몸체에는 투명색을 칠해줘도 좋다.
- 칠은 두세 번씩 말려가며 칠하고, 적당한 크기의 붓을 사용한다.

새집 만들기 | 새집 모양내기 171

② 일반 식물성 페인트 또는 수성페인트

- 오일페인트는 독성이 있고, 냄새가 심하며, 마르는 데 오랜 시간이 걸리므로 가급적 사용하지 않는 것이 좋다. 새들은 냄새에 아주 민감하여 오일페인트를 칠한 집에는 잘 오지 않는다.
- 요즈음에는 인체에 전혀 해가 없는 식물성 페인트와 수성페인트가 많이 개발되어 있다. 새집에 칠하기도 쉽고, 빨리 마르며, 색깔도 다양하게 선택할 수 있다.

③ 유화물감과 아크릴물감, 오일스틱과 크레파스

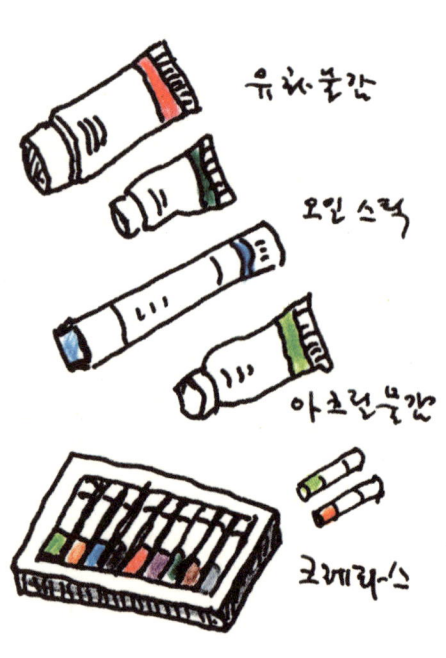

- 유화물감 : 그림을 그리는 데 사용하는 기름물감이다. 색깔의 종류가 많고, 작업하기도 쉬우며, 물감의 수명도 오래가나, 마르는 데 시간이 좀 걸린다. 유화용 붓으로 그림 그리듯 칠하면 된다.
- 오일스틱(oil stick) : 크레파스처럼 생겼지만 더 두껍고 크다. 유화물감을 막대기처럼 만들어 쓰기 편리하게 한 것이다. 부분적인 칠을 하는 데 아주 유용하게 쓰인다.
- 아크릴물감 : 수채화처럼 물을 타서 쓰는 물감이다. 유화물감보다 사용하기가 간편하며 빨리 마른다는 장점이 있다. 그러나 유화물감보다 수명이 짧다는 단점이 있다. 아크릴물감은 수성이기 때문에 나뭇결에 따라 번질 가능성이 있으므로 주의해서 사용해야 한다.
- 크레파스 : 크레파스는 가격이 아주 싸고 누구에게나 익숙한 것이므로 손쉽게 사용할 수 있다. 그 대신 새집에 칠했을 경우, 수명이 짧다는 단점이 있다.

⬠ 유화물감, 오일스틱, 아크릴물감, 크레파스는 오일스테인이나 페인트와는 달리 새집 전체를 칠하는 데는 적절하지 않다. 그림과 같이 지붕처마 앞쪽이나 새집의 출입구를 장식할 때, 또 새집 앞면에 간단한 도형이나 그림을 그려넣기 위해 한두 가지 색깔로 강조할 때 많이 사용한다. 새집 전체에 미리 오일스테인이나 페인트를 칠한 후 완전히 마른 다음에 작업한다.

⬠ 새집 앞면에 모양내기를 할 때 나무줄기 또는 나뭇가지 쪼갠 것을 붙이면서 위에 설명한 색 재료를 써서 작업을 하면 정말 환상적인 새집의 모습을 보여준다.

⬠ 새집은 나무판재로 만들기 때문에 나무 본래의 자연적인 특징을 살려내면서 칠을 하는 것이 가장 좋다. 새집 색칠하기는 새집의 형태, 표현하고자 하는 디자인에 맞추어 하되, 가급적 남용하지 않을 것을 권한다.

새집 치장하기 1

① 한두 가지 색깔로 간단히 모양내기

- 한두 가지 색으로 간단히 포인트만 주는 것이다. 지붕은 진한 색의 오일스테인을 칠하고, 몸체는 투명색을 칠할 수도 있다. 또 새집 전체를 한 가지 색깔의 오일스테인으로 처리할 수도 있다.
- 칠이 다 마른 후 그 위에 강조할 색깔을 칠해서 모양을 내준다. 빨강, 파랑, 초록 등 원색을 쓰는 것이 좋다.
- 칠하기에 있어서도 조화나 균형을 유지하는 것이 기본이다.

② 나무줄기나 나뭇가지 붙이기 · 색칠하기 · 장식하기

⌂ 새집은 형태면으로 보면 직선으로 이루어져 있어 단순 명쾌한 아름다움이 있다. 그러나 나무줄기나 나뭇가지를 사용하거나 이를 쪼개어 사용하면 새집의 직선을 자연스럽게 보듬어 안아 부드러움을 준다. 특히 시골 냄새가 풍기는 새집은 고향에 찾아온 것 같은 편안한 느낌을 준다.

⌂ 새집의 크기에 따라 나뭇가지나 나무줄기의 굵기가 달라져야 균형미가 생긴다. 나뭇가지나 나무줄기를 새집에 붙여 장식하는 작업에서는 두 개로 쪼개는 작업이 가장 힘들다. 또 통째로 사용할 때는 뒷면을 샌더로 밀어 약간 평평하게 해주어야 한다.

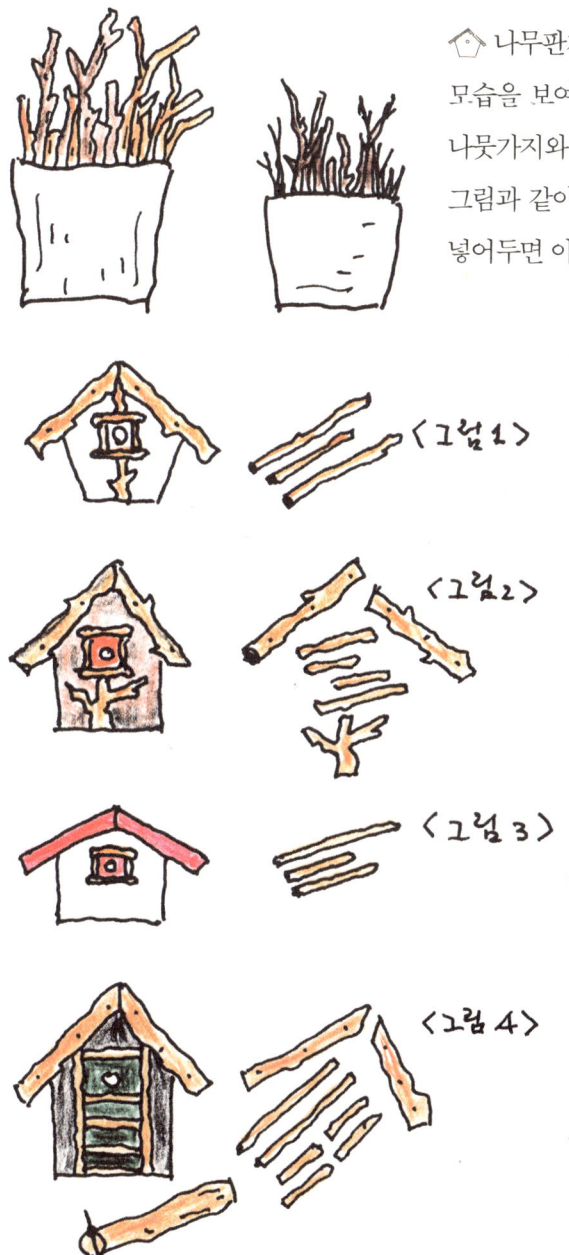

🏠 나무판재로 만든 새집은 수십 수백 가지의 변화된 모습을 보여주는데, 이때 가장 중요한 재료가 바로 이 나뭇가지와 나무줄기이다. 시간을 내서 부지런히 모아 그림과 같이 굵기 별로 큰 통이나 양동이, 또는 포대에 넣어두면 아주 유용하게 쓰인다.

- **그림1과 그림2** : 지름 3~4cm의 나무줄기를 새집 처마길이보다 약간 길게 자른 후 둘로 쪼갠다. 둘로 쪼갠 각 부분에 구멍을 뚫고 접착제를 바른 후 작은 못을 박아 고정시킨다. 연필 굵기의 나무줄기를 그림과 같이 각각 자른 후 뒷면을 약간 평행하게 샌더로 민다. 각 부분에 작은 구멍을 뚫고 접착제를 바른 후 작은 못을 박아 고정시킨다.

- **그림3** : 처마에 색을 칠한 후 연필 굵기의 나뭇가지를 그림과 같이 자른다. 뒷면을 평평하게 밀고 각각 구멍을 뚫고 접착제를 바른 후 작은 못을 박아 고정시킨다.

- **그림4** : 앞의 〈그림1〉, 〈그림2〉와 똑같은 방식으로 작업한다.

새집 치장하기 2

어떤 재료를 갖고 어떻게 표현하느냐에 따라 새집 모양내기는 끊임없이 진화한다. 따라서 새집 만드는 사람의 꿈과 상상력을 그대로 표현한 자신만의 독창적이고 고유한 새집을 지을 수 있다. 주재료로 무엇을 쓰느냐에 따라 다섯 가지로 구분할 수 있다.

① 단순하게 색깔만으로 표현한다.

- 유화, 아크릴 물감, 크레파스 등 손쉽게 구할 수 있는 재료를 써서 새집 처마나 새집 출입구에 색칠을 한다. 단순한 칠하기 작업이지만 산뜻한 기분을 느낄 수 있다.

② 나무줄기나 나뭇가지를 통째로 쓰거나 둘로 쪼개어 장식한다.

- 계곡이나 냇가를 따라 흘러내리며 물에 씻기고 바짝 마른 나무 몸통, 나무줄기나 나뭇가지 등을 수집해서 쓴다.
- 지름 0.8~10cm까지 무척 다양한 굵기와 형태의 것을 모을 수 있다.
- 새집 장식하기 중에서 가장 푸근하고 부드러운 느낌을 주며 제일 친환경적인 소재라 할 수 있다.
- 부분적으로 색을 칠해도 좋다.

③ 나무판재로 만든 졸대, 막대기, 또는 작은 조각을 사용하여 표현한다.

< 앞판이 넓은 새집 >

- 이 새집은 졸대, 나무 조각 등으로 구성한 판재 조형이라 할 수 있다.
- 색을 칠하고, 또 나뭇가지나 나무줄기 쪼갠 것을 병용하면 다채로운 변화를 줄 수 있게 된다.

④ 동판, 알루미늄판, 놋쇠판, 함석판 등 금속판을 사용해서 표현한다.

- 금속판의 두께는 0.25~0.3mm가 적당하다.
- 두세 종류의 금속판을 같이 써서 가위로 오려내어 하나의 화폭을 구성한다.
- 나뭇가지 작은 것을 함께 쓰면 몇 그루의 나무를 표현할 수 있다.
- 각 금속판의 색깔을 염두에 두고 작업에 임한다.

⑤ 각종 물감을 써서 그림으로 표현한다.

< 앞판이 넓은 새집 >

- 구상도 좋고 추상도 좋다. 새집을 하나의 캔버스로 생각하고 그리고 싶은 그림을 그린다. 원래 새집 만들기는 자유로운 조형 행위이니 기존의 틀을 당연히, 마음대로 뛰어넘을 수 있다.
- 나무줄기나 나뭇가지를 통째로 또는 두 쪽을 내어 군데군데 붙여놓으면 색다른 추상화 한 폭이 탄생한다.

새집 치장하기 3

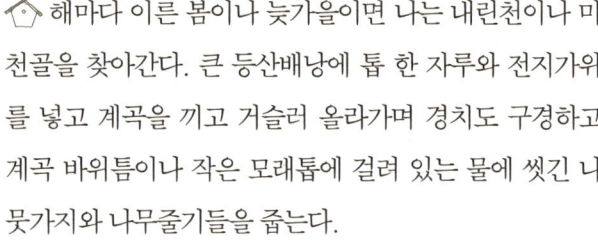
🏠 해마다 이른 봄이나 늦가을이면 나는 내린천이나 미천골을 찾아간다. 큰 등산배낭에 톱 한 자루와 전지가위를 넣고 계곡을 끼고 거슬러 올라가며 경치도 구경하고 계곡 바위틈이나 작은 모래톱에 걸려 있는 물에 씻긴 나뭇가지와 나무줄기들을 줍는다.

기묘하게 생긴 것을 만나면 그렇게 반가울 수가 없다. 가는 것, 굵은 것 가리지 않고 열심히 배낭에 넣는다. 내일 당장 필요한 것도 있지만 갖고 있으면 작업을 계속하는 한 언젠가는 다 요긴하게 쓰일 데가 있기 때문이다.

나는 자연 상태 그대로 계곡에 걸려 있는 이 나뭇가지와 나무줄기들을 주워 내가 만든 새집에 맞게 재단하여 사용할 뿐이다. 말 없는 자연세계가 내게 보내주는 고마운 선물로 여기고 있다.

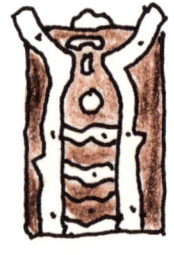 

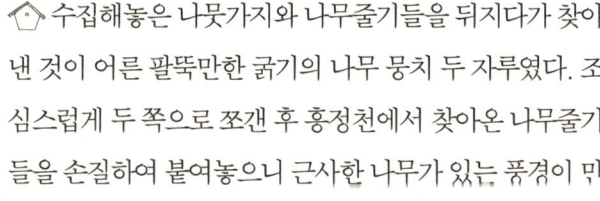
🏠 수집해놓은 나뭇가지와 나무줄기들을 뒤지다가 찾아낸 것이 어른 팔뚝만한 굵기의 나무 뭉치 두 자루였다. 조심스럽게 두 쪽으로 쪼갠 후 홍정천에서 찾아온 나무줄기들을 손질하여 붙여놓으니 근사한 나무가 있는 풍경이 만들어졌다.

〈달란이 넓은 새집〉

새집을 만들다보면 소재에 맞추어 작업하는 경우가 자주 생긴다. 그래서 스케치한 대로 작업하지 않고, 삼천포로 빠지는 경우가 자주 일어나기도 한다.

<앞판이 없는 새집>

⬠ 또 하나의 아주 굵은 나무둥치를 두 쪽으로 나누어 내가 좋아하는 '기도'라는 제목의 새집을 지었다. 〈기도 새집 시리즈〉의 연작은 자연 상태의 나무를 그대로 옮긴 것뿐이다. 새집을 짓는 자만이 누리는 즐거움이다.

⬠ 나무판재 몇 조각으로 단순한 형태의 기본적인 새집을 지은 후, 치장하기 단계에서 완전한 변신을 하게 된다. 새집 처마나 앞면 장식에도 쓸모가 없어 모아두었던 나무줄기로 지어낸 것이 '숲속의 정적'이다. 그야말로 세상에 하나밖에 없는 새집인데, 지금도 애지중지하며 갖고 있다.

⬠ 나는 평안도 평양 출신이라 아직까지 고향이라는 곳에 가본 적이 없다. 고향하면 떠오르는 것이 돌아가신 외할아버지(황해도 재령이 고향이시다)의 과수원이고, 또 과수원에 있던 원두막이다. 여기에서 나온 것이 '외갓집 새집'이고 〈원두막 새집 시리즈〉이다. 헌 판재를 손질해서 지어야 외갓집과 과수원 원두막의 정겨운 맛이 살아난다.

🏠 새집 짓기에 푹 빠져 있는 동안, 내 눈에 들어오는 모든 소재가 새집의 구성요소로만 생각되었다. 농원을 산책하다가 쓰레기더미에 쌓여 있는 폭 2~4cm, 길이 1m 정도의 이 졸대들을 몽땅 집어다가 하루 종일 걸쳐 만든 것이 이 새집이다. 색깔이 바래고 지저분했지만, 적당한 크기로 재단하여 붙여놓으니 그럴 듯한 조형 예술품이 되었다. 그때의 그 성취감이란!

〈앞면이 넓은 새집〉

🏠 새집 짓기의 좋은 점은 톱밥으로 빠지는 것 외에는 하나도 버릴 것이 없다는 점이다. 새집 작업에서는 직각이나 이등변삼각형 조각, 반원, 직사각형 등의 부산물이 많이 나온다. 이 부산물에 나뭇가지나 나무줄기를 더해서 함께 구성하면 또 하나의 훌륭한 새집이 탄생한다.

〈옆면이 넓은 새집〉

🏠 나는 한 채의 새집을 하나의 화폭이며 공간이고 장소라고 생각한다. 앞면이 넓은 큰 새집을 만들 때면 나도 모르게 창작의욕이 넘쳐난다. 나무 졸대와 물감 칠하기를 병행하여 하나의 화려한 화면을 구성해보았다. 이걸 새집이라고 해도 되느냐고 누가 묻는다면, 나는 이렇게 대답할 것이다. "그렇다! 새집이다. 새들은 그림 속에서 살면 안 되나……."

〈앞판이 없는 새집〉

🏠 한때 시계로 만든 새집 만들기에 몰두한 적이 있었다. 나무 시계를 만들다보면 시간 가늘 줄 모르고 작업을 하게 된다. 딴 작업은 다 집어치우고 한동안 새집시계 만들기에 전념해서 한 20여 채를 지었는데, 이것이 그중의 하나다. 시계라고 하기보다는 하나의 구성(composition) 작품이라 할 수 있다.

〈앞판이 없는 새집〉

🏠 낙엽 떨어진 나무들 사이로 청명한 가을 하늘이 멀리 보이고 산들은 붉게 물들어 끝없는 장관을 연출한다. 강원도 산간 늦가을의 풍경이다. 새집은 꼭 나무나 집 외벽과 같은 야외에만 설치해야 하는 것은 아니다. 하나의 조형물로서, 회화로서 집안 어디에 걸어놓아도 손색이 없는 예술작품이다. 바로 이런 새집들이 그러하다!

방패연〈앞판이 없는 새집〉

가오리연〈앞판이 없는 새집〉

🏠 내가 어렸을 때에는 연날리기도 많이 했다. 그런데 잘 날던 연이 높은 전봇대의 전깃줄이나 커다란 나무의 가지에 걸려 찢어지거나, 연을 잃어버리는 일이 허다했다. 큰 나무의 가지에 걸린 연이 머리에 떠올라 〈연 새집 시리즈〉는 30채 쯤 지었다. 나무 졸대도 쓰고 동판과 알루미늄판으로도 만들고 물감을 많이 사용하기도 했다. 이렇게 나무에 걸어놓은 방패연이나 가오리연 새집이 새들에게 어떻게 보일지 그게 제일 궁금하다.

🏠 나는 새집을 치장할 때 동판이나 알루미늄판을 많이 사용한다. 일반적으로 금속판이 차다는 느낌을 주고 또 반사광이 강력하다는 선입관 때문에 사용을 꺼리는 이들이 꽤 많다. 새집처럼 좁은 장소와 공간에서 작은 금속판 2~3점으로 확실한 효과를 낼 수 있다는 것은 금속판의 큰 장점이다.

🏠 장식할 모양을 오려내서 접착제를 바른 후 새집에 작은 못을 박아 고정시키고 나서 진짜 작업이 시작된다. 뾰족한 망치 앞부분과 뭉툭한 위쪽을 번갈아가며 금속판을 무작위로 두들기기 시작하면 여러 가지 무늬가 만들어지고 빛의 각도를 어떻게 받느냐에 따라 오묘한 형상으로 변화한다.

〈얼굴이 없는 새집〉

🏠 나뭇가지나 나무줄기를 표현할 수도 있고, 해와 달도, 그리고 별들도 그린다. 천진난만한 동화 이야기를 그려간다. 금속의 차가움도 조그마한 나뭇가지 두세 점과 어울리면 한 폭의 나무가 있는 따뜻한 풍경으로 돌변한다.

그렇다면 금속판을 사용한 이 새집들은 하나의 공예품인가? 아니다. 살아 있는 생명체가 날아들고 만든 이의 삶과 철학이 배어 있는 하나의 훌륭한 판재 조형물이라고 할 수 있다.

🏠 금속판은 비와 눈을 맞으며 시간이란 강력한 적에 서서히 순응해가며 여러 가지 변신을 시도한다. 고색창연한 세월을 실감하게 하는가 하면, 쇠락의 슬픔을 우리에게 선사하기도 한다.

부록

이대우가 만든 새집

- 첫 번째 새집전시회 (2004.7)
- 두 번째 새집전시회 (2006.7)
- 세 번째 새집전시회 (2009.7)
- 새집시계 전시회 (2008.7)

이대우가 만든 새집

첫 번째 전시회

2004.7.10 ~ 8.31 | 한국자생식물원

2004_001

2004_002

2004_003

2004_004

2004_005

2004_006

2004_007

2004_008

2004_009

2004_010

2004_011

2004_012

2004_013

2004_014

2004_015

2004_016

2004_017

2004_018

2004_019

2004_020

2004_021

2004_022

2004_023

2004_024

2004_025

2004_026

2004_027

2004_028

2004_029

2004_030

2004_031

2004_032

2004_033

2004_034

2004_035

2004_036

2004_037

2004_038

2004_039

2004_040

2004_041

2004_042

2004_043

2004_044

2004_045

2004_046

2004_047

2004_048

2004_049

2004_050

2004_051

2004_052

2004_053

2004_054

2004_055

2004_056

2004_057

2004_058

2004_059

2004_060

2004_061

2004_062

2004_063

2004_064

2004_065

2004_066

2004_067

2004_068

2004_069

2004_070

2004_071

2004_072

2004_073

2004_074

2004_075

2004_076

2004_077

2004_078

2004_079

2004_080

2004_081

2004_082

2004_083

2004_084

2004_085

2004_086

2004_087

2004_094

2004_095

2004_096

2004_097

2004_098

2004_099

195

이대우가 만든 새집

두번째 전시회

2006.7.1 ~ 8.31 | 한국자생식물원

2006_001

2006_002

2006_003

2006_004

2006_005

2006_006

2006_007

2006_008

2006_009

2006_010

2006_011

2006_012

2006_013

2006_014

2006_015

2006_016

2006_017

2006_018

2006_019

2006_020

2006_021

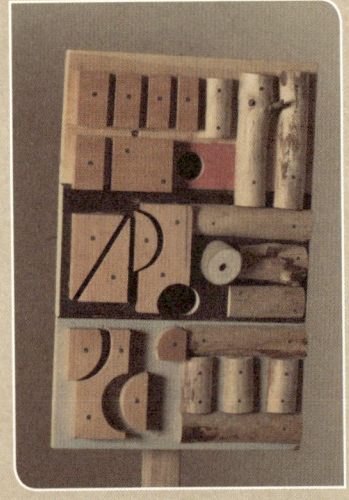
2006_022

2006_023

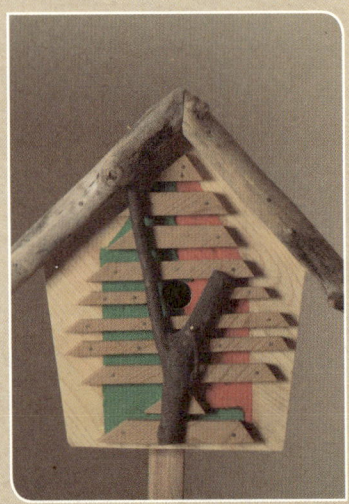
2006_024

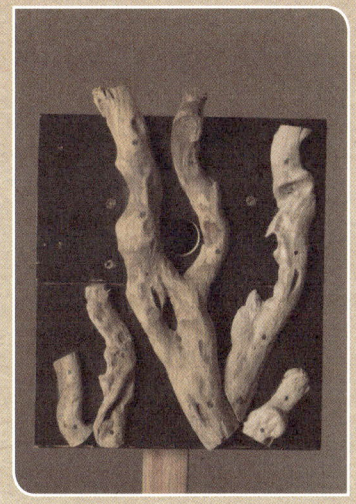
2006_025

2006_026

2006_027

2006_028

2006_029

2006_030

2006_031

2006_032

2006_033

2006_034

2006_035

2006_036

2006_037

2006_038

2006_039

2006_040

2006_041

2006_042

2006_043

2006_044

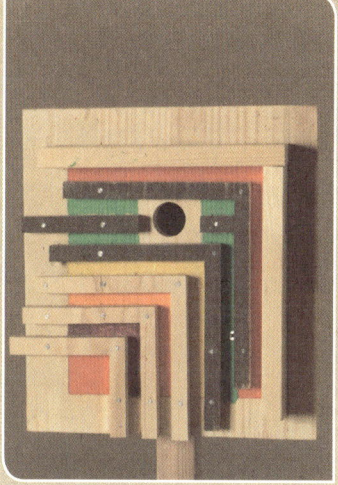
2006_045

2006_046

2006_047

2006_048

2006_049

2006_050

2006_051

 2006_052

 2006_053

 2006_054

 2006_055

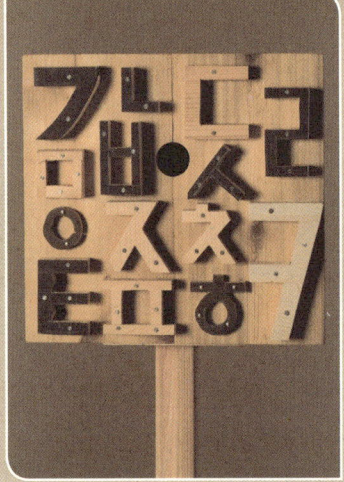 2006_056

 2006_057

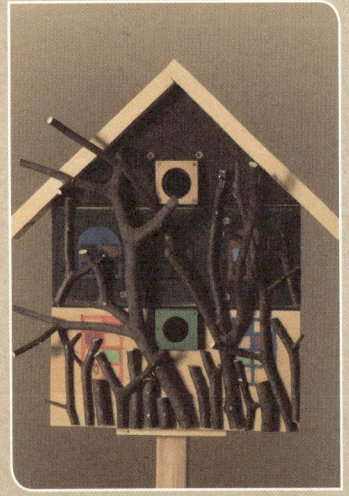 2006_058

 2006_059

 2006_060

2006_061

2006_062

2006_063

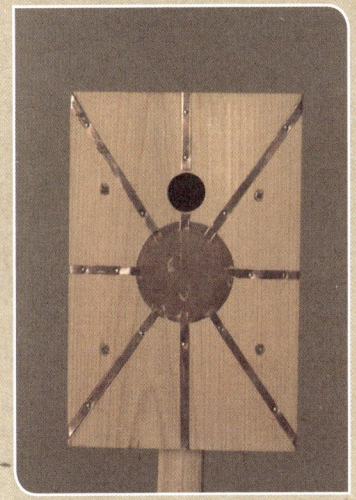
2006_064

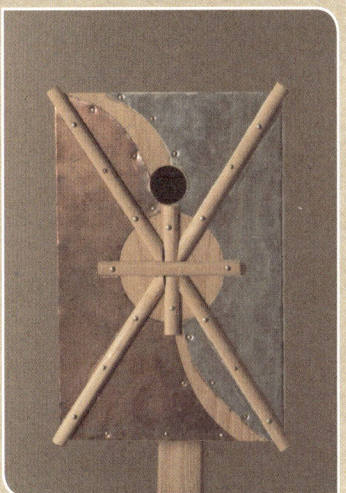
2006_065

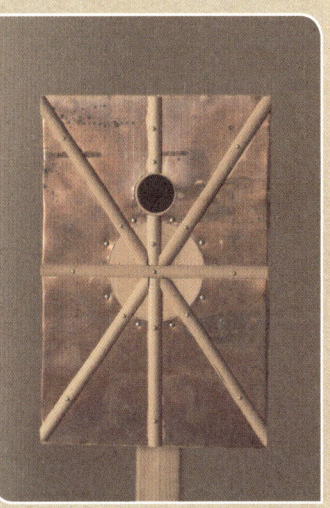
2006_066

2006_067

2006_068

2006_069

2006_070

2006_071

2006_072

2006_073

2006_074

2006_075

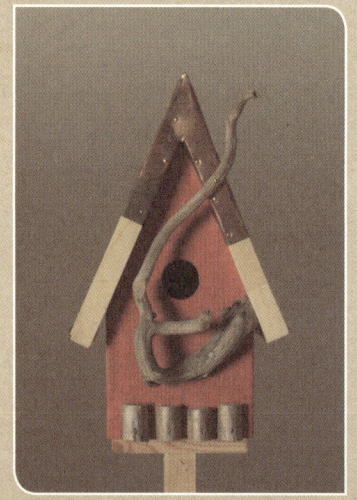
2006_076

2006_077

2006_078

2006_079

2006_080

2006_081

2006_082

2006_083

2006_084

2006_085

2006_086

2006_087

2006_088

2006_089

2006_090

이대우가 만든 새집

세번째 전시회

2009.7.1 ~ 10.31 | 한국자생식물원

2009_001

2009_002

2009_003

2009_004

2009_005

2009_006

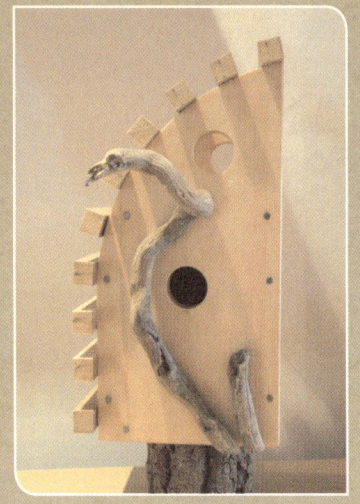
2009_007

2009_008

2009_009

2009_010

2009_011

2009_012

2009_013

2009_014

2009_015

2009_016

2009_017

2009_018

2009_019

2009_020

2009_021

2009_022

2009_023

2009_024

2009_025

2009_026

2009_027

2009_028

2009_029

2009_030

2009_031

2009_032

2009_033

2009_034

2009_035

2009_036

2009_037

2009_038

2009_039

2009_040

2009_041

2009_042

2009_043

2009_044

2009_045

2009_046

2009_047

2009_048

2009_049

2009_050

2009_051

2009_052

2009_053

2009_054

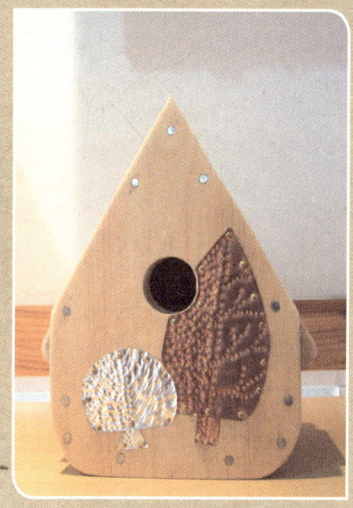
2009_055

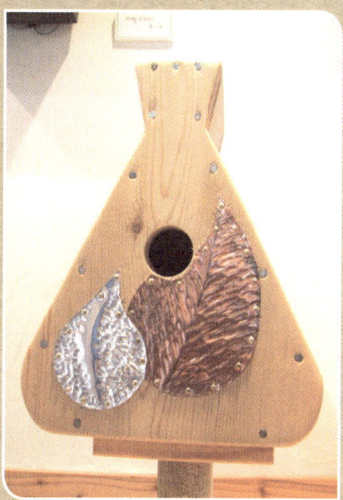
2009_056

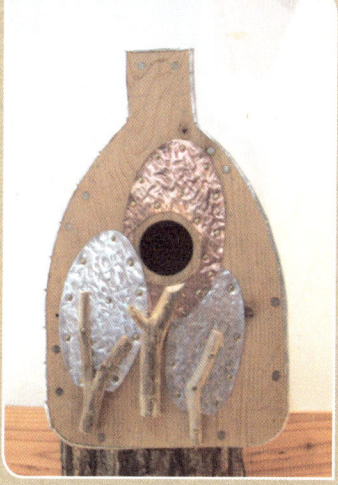
2009_057

2009_058

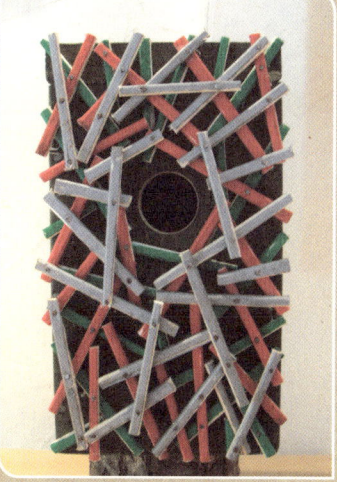
2009_059

2009_060

2009_061

2009_062

2009_063

2009_064

2009_065

2009_066

2009_067

2009_068

2009_069

2009_070

2009_071

2009_072

2009_073

2009_074

2009_075

2009_076

2009_077

2009_078

2009_079

2009_080

2009_081

2009_082

2009_083

2009_084

2009_085

2009_086

2009_087

2009_088

2009_089

2009_090

2009_091

2009_092

2009_093

2009_094

2009_095

2009_096

2009_097

2009_098

2009_099

2009_100

2009_101

2009_102

2009_103

2009_104

2009_105

2009_106

2009_107

2009_108

2009_109

2009_110

2009_111

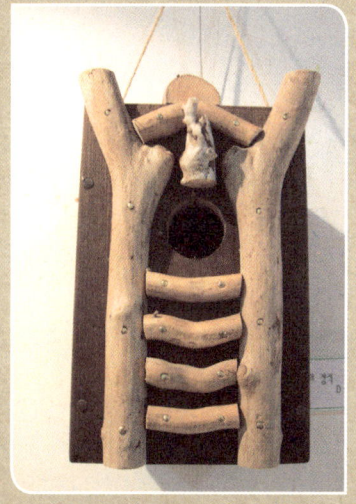
2009_112

2009_113

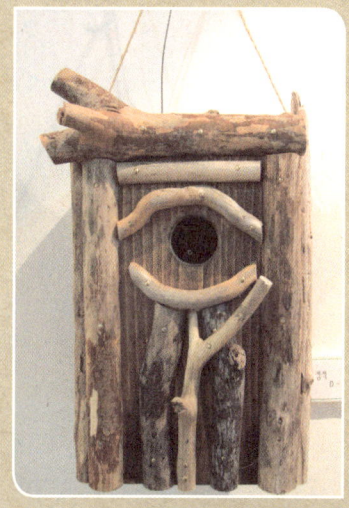
2009_114

2009_115

2009_116

2009_117

2009_118

2009_119

2009_120

2009_121

2009_122

2009_123

새집시계 전시회

2008.7.1 ~ 8.31 | 한국자생식물원

2008_001

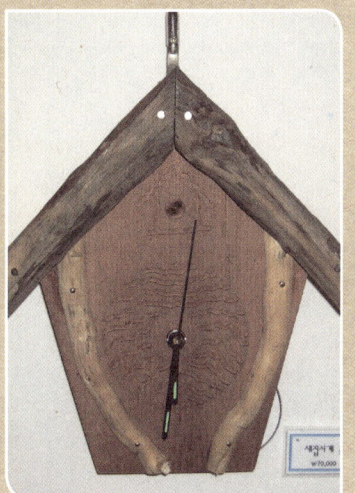
2008_002

2008_003

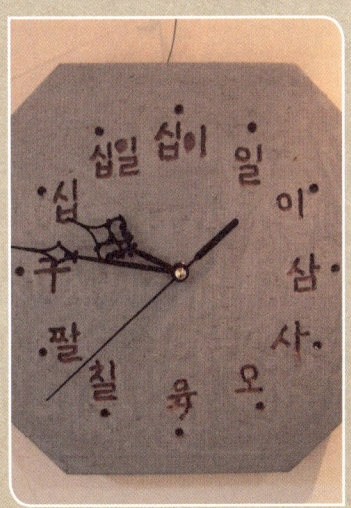
2008_004

2008_005

2008_006

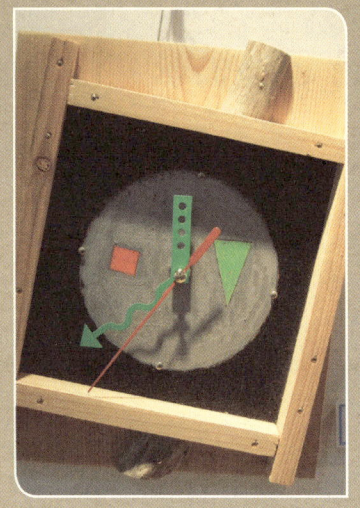
2008_007

2008_008

2008_009

2008_010

2008_011

2008_012

2008_013

2008_014

2008_015

2008_016

2008_017

2008_018

2008_019

2008_020

2008_021

2008_022

2008_023

2008_024

2008_025

2008_026

2008_027

2008_028

2008_029

2008_030

2008_031

2008_032

2008_033

2008_034

2008_035

2008_036

2008_037

2008_038

2008_039

2008_040

2008_041

2008_042

2008_043

2008_044

2008_045

2008_046

2008_047

2008_048

2008_049

2008_050

2008_051

2008_052

2008_053

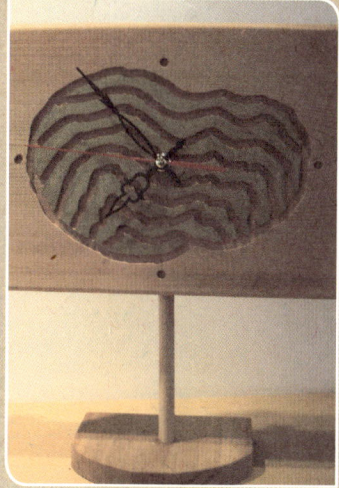
2008_054

2008_055

2008_056

2008_057

2008_058

2008_059

2008_060

2008_061

2008_062

2008_063

2008_064

2008_065

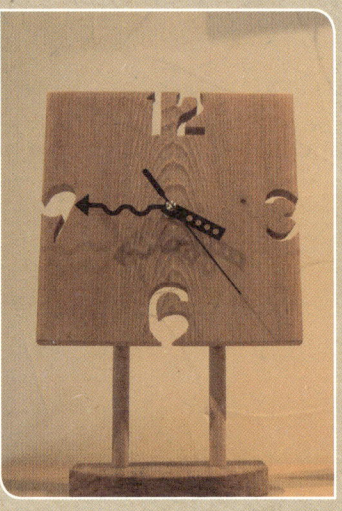
2008_066

2008_067

2008_068

2008_069

2008_070

2008_071

2008_072

2008_073

2008_074

2008_075

한국자생식물원 새집전시장에서(2009년)

이대우는 지금까지 200여 종 1,000여 채가 넘는 새집을 만들었으며, 평창군 진부면에 있는 한국자생식물원에서 세 번의 새집전시회를 가졌다. 또한 이곳에는 "이대우가 만든 새집" 상설 전시관이 있으며, 그 옆 솔밭광장에는 "새들의 합창"이란 주제로 40여 점의 새집 작품이 설치되어 있다.